TEZHONGZUOYE（WEIXIAN HUAXUEPIN）KAOSHI ZHUANGZHI CAOZUO PEIXUN JIAOCHENG
JIAQING GONGYI

特种作业（危险化学品）考试装置操作培训教程

加氢工艺

王兆东　主编
陈桂娥　主审

化学工业出版社
·北京·

内容简介

特种作业（危险化学品）考试装置操作培训教程是结合上海信息技术学校考点具体情况，并参照特种作业人员安全生产资格考试系列标准进行编写的，旨在提高危险化学品生产从业人员的职业安全素养与实际操作技能。

本书梳理了加氢工艺的具体考核方案，介绍了仿真练习平台的使用及化工仿真 3D 软件操作方法，重点通过视频微课、动画等形式讲解了离心泵单元、换热器单元、加热炉单元、分馏塔单元、循环氢压缩单元、加氢反应单元共六个单元的隐患排查与现场应急处置的仿真操作规程及现场实物装置操作说明。学员可以扫描书中的二维码查看及学习相关单元装置的操作方法。

本书适合加氢工艺等危险化学品生产从业人员培训使用，也适合课程涉及化工仿真 3D 软件的相关教学使用。

图书在版编目（CIP）数据

特种作业（危险化学品）考试装置操作培训教程.加氢工艺/王兆东主编. —北京：化学工业出版社，2023.1
ISBN 978-7-122-42394-8

Ⅰ.①特… Ⅱ.①王… Ⅲ.①化工产品-危险品-化工设备-操作-安全培训-教材②加氢-生产工艺-化工设备-操作-安全培训-教材 Ⅳ.① TQ05

中国版本图书馆 CIP 数据核字（2022）第 194349 号

责任编辑：旷英姿　刘心怡　　　　　　　文字编辑：陈立璞
责任校对：田睿涵　　　　　　　　　　　　装帧设计：王晓宇

出版发行：化学工业出版社（北京市东城区青年湖南街13号　邮政编码100011）
印　　装：中煤（北京）印务有限公司
710mm×1000mm　1/16　印张7　字数140千字　2023年7月北京第1版第1次印刷

购书咨询：010-64518888　　　　　　　　售后服务：010-64518899
网　　址：http://www.cip.com.cn
凡购买本书，如有缺损质量问题，本社销售中心负责调换。

定　　价：38.00元　　　　　　　　　　　　　　　　　版权所有　违者必究

前言

为配合特种作业人员安全生产资格考试的培训和考核，我们以《特种作业人员安全技术培训考核管理规定（国家安全生产监督管理总局令第 30 号）》《安全生产资格考试与证书管理暂行办法》《特种作业安全技术实际操作考试标准（试行）》《特种作业安全技术实际操作考试点设备配备标准（试行）》等相关规定与标准文件为依据，编写了特种作业（危险化学品）考试装置操作培训教程。教程中包含了《特种作业安全技术实际操作考试标准（试行）》中的 16 种危险化学品的安全作业。

本书主要内容包括加氢工艺考试装置中的离心泵单元、换热器单元、加热炉单元、分馏塔单元、循环氢压缩单元、加氢反应单元共六个单元的操作原理及东方仿真 3D 软件操作方法，结合考核与培训实施方案重点讲解了各个装置的作业现场安全隐患排除以及作业现场应急处置相关操作说明。书中配备了多种教学资源，包括指导手册、教学视频、单元装置微课等，以二维码的形式融于相关知识介绍中，可用手机扫描查看。资源以文档、视频等形式，将相关知识形象化、具体化，可帮助学员更好地学习与记忆。

本书由上海信息技术学校和北京东方仿真集团合作编写，上海信息技术学校的王兆东主编，上海应用技术大学化学与环境工程学院的陈桂娥主审。具体工作分工为：模块一考核实施方案部分由上海信息技术学校的隋欣编写；模块二中软件使用方法、离心泵单元、加热炉单元、循环氢压缩单元由上海信息技术学校的高志新编写并录制仿真操作微课视频，换热器单元、加氢反应单元、分馏塔单元由上海信息技术学校的王兆东编写并录制仿真操作微课视频。上海信息技术学校的王文永、王维维、谭若兰在录制仿真微课的过程中也参与了策划、录制、剪辑等工作。北京东方仿真集团 HSE 项目团队负责现场装置视频录制工作。

本书在编写过程中，得到了上海安全生产科学研究所和化学工业出版社有限公司的大力支持，在此表示感谢。

本书适合加氢工艺等危险化学品生产从业人员培训使用，也适合课程涉及化工仿真 3D 软件的相关教学使用。

由于加氢工艺涉及面较广，本实训教程只结合加氢工艺考核方案进行编写，不足之处在所难免，恳请广大读者批评指正。

编　者
2022 年 7 月

目录

模块一 加氢工艺作业考核实施方案 ... 001

模块二 装置单元技能操作 ... 003

项目一 通用仿真软件使用方法 ... 003
 任务一 学员登录介绍 ... 003
 任务二 软件使用介绍 ... 004

项目二 装置单元操作 ... 008
 任务一 完成离心泵单元操作 ... 008
 任务二 完成换热器单元操作 ... 018
 任务三 完成加热炉单元操作 ... 028
 任务四 完成分馏塔单元操作 ... 045
 任务五 完成循环氢压缩单元操作 ... 065
 任务六 完成加氢反应单元操作 ... 082

参考文献 ... 108

模块一

加氢工艺作业考核实施方案

1. 理论考试		考试方式	考试时长	考题选择
理论内容		计算机考试	120min	安全生产知识
2. 科目一：安全用具使用		考试方式	考试时长	考题选择
灭火器的选择与使用		实际操作	3min	四选二（详见《特种作业（危险化学品）公共考试科目培训指导手册》）
正压式空气呼吸器的使用		理论考试（40分）实际操作（60分）	20min	
创伤包扎		理论考试（40分）实际操作（60分）	8min	
单人徒手心肺复苏操作		理论考试（10分）实际操作（90分）	15min	
3. 科目三：作业现场安全隐患排除		考试方式	考试时长	考题选择
离心泵	入口管线堵	实物装置+仿真操作	8min	四选二
	原料泵抽空			
	长时间停电			
	原料泵坏			
	出料流量控制阀卡			
换热器	换热器结垢	实物装置+仿真操作	8min	
	冷物料中断			
	冷物流泵坏			
	长时间停电			
	热物流泵坏			
加热炉	原料中断	实物装置+仿真操作	8min	
	燃料中断			
	鼓风机故障停机			
分馏塔	长时间停电	实物装置+仿真操作	8min	
	原料中断			
	燃料气中断			

续表

3. 科目三：作业现场安全隐患排除		考试方式	考试时长	考题选择
循环氢压缩系统（特定单元）	过滤器压差高	实物装置＋仿真操作	8min	二选一
	润滑油温度高			
	润滑油压力低			
	复水器液位高			
加氢反应（特定单元）	长时间停电	实物装置＋仿真操作	8min	
	新氢供应中断			
	循环氢压缩机停机			
4. 科目四：作业现场应急处置		考试方式	考试时长	考题选择
离心泵	离心泵机械密封泄漏着火	仿真操作	15min	四选二
	离心泵出口法兰泄漏，有人中毒			
	离心泵出口流量控制阀前法兰泄漏着火			
	离心泵出口法兰泄漏着火			
换热器	冷物料泵出口法兰泄漏着火	仿真操作	15min	
	换热器热物料出口法兰泄漏着火			
	换热器热物料出口法兰泄漏，有人中毒			
加热炉	原料泵出口法兰泄漏着火	仿真操作	15min	
	加热炉炉管破裂			
	燃料气分液罐安全阀法兰泄漏着火			
分馏塔	加热炉出口法兰泄漏着火	仿真操作	15min	
	分馏塔底泵出口法兰泄漏着火			
	分馏塔顶泵出口法兰泄漏伤人			
循环氢压缩系统（特定单元）	动力蒸汽泄漏伤人	仿真操作	15min	二选一
	压缩机入口法兰泄漏，有人中毒			
	压缩机出口法兰泄漏着火			
加氢反应（特定单元）	反应器出口法兰泄漏着火	仿真操作	15min	
	循环压缩机出口法兰泄漏着火，有人中毒			

模块二

装置单元技能操作

项目一 通用仿真软件使用方法

任务一 学员登录介绍

学员可在考核系统的学员登录界面利用分配好的个人账号和密码登录专用仿真考试平台，进行培训、模拟考试以及科目三或科目四的正式考试。

学员登录界面及系统界面如图 2-1 和图 2-2 所示。

图 2-1 登录界面

图 2-2 系统界面

任务二　软件使用介绍

通用单元和特定单元仿真模拟软件采用虚拟现实（3D）技术和流程模拟仿真技术开发，通过3D场景建模，搭建逼真的实际生产装置场景，利用虚拟人机交互规则，配置虚拟人物角色。如二维码中视频所示，学员可操作虚拟人物在三维场景中进行各种现场操作，包括开关阀门，开关机泵，查看仪表，操作各种安全设施如消防水炮、消防栓、灭火器材、防护器材等进行工艺现场安全隐患处置和应急处理。

扫一扫看视频
科目三、科目四操作说明

仿真模拟软件后台的工艺物流变化采用国际上先进的流程模拟仿真技术开发，利用成熟的工艺单元（设备）模型库和丰富的物性数据库，通过序贯模块法和联立方程法搭建动态工艺数学模型，模拟装置工艺生产和控制系统。动态工艺数学模型能够逼真地展现工艺事故过程中工艺参数的变化、安全事故对工艺参数的影响，培训和考核学员对工艺事故和安全事故的处置能力。

一、虚拟生产场景

根据生产装置现场的物理环境（图2-3、图2-4）、现场设备以及管线仪表等设施的物理属性（包括外观、尺寸、颜色、位置、管线及连接关系等）建立其3D模型（图2-5），如阀室、加热炉、换热器、分离罐、贮罐、塔、反应器、仪表等。该3D模型也包括操作过程中的物理现象，如设备运行状态（图2-6）、排液、排气、泄漏、着火、冒烟等。

图2-3　室内操作环境

图2-4　室外操作环境

模块二　装置单元技能操作

图 2-5　室外操作 3D 模型

(a)

(b)

图 2-6　虚拟现场设备、管线及仪表

二、虚拟角色操作

根据装置操作人员的物理属性（包括人员外貌、着装、生物属性等）建立其 3D 模型，包括行为动作规则（图 2-7），如在 3D 模型场景中进行的阀门、机泵等操作行为；同时建立多人操作交互规则、多人同机操作时的行为规范。

图 2-7　虚拟人物及交互式操作

三、虚拟事故

通过最直观和逼真的视觉与听觉感受，能模拟出因破损程度、介质压力、风速风向等因素不同而导致的火焰高度、幅度、扩散方向和区域等的变化（图 2-8～图 2-10）。

图 2-8　虚拟现场事故场景（1）

图 2-9　虚拟现场事故场景（2）

四、应急处置

在虚拟的三维立体视觉和听觉空间内,按装置应急预案进行应急处置,包括对工具的使用和设备的操作,如图 2-11 为消防炮操作、图 2-12 为灭火器操作。

图 2-10 虚拟现场事故场景(3)

图 2-11 消防炮操作

五、考核评分系统

仿真模拟软件内嵌有考核评分系统。考核评分系统能够实时监控学员的每一步操作是否符合规范,并能对学员的完成情况自动进行打分(图 2-13)。

图 2-12 灭火器操作

图 2-13 考核评分系统

六、操作帮助功能和在线指导功能

1. 操作帮助功能

为了方便操作,软件提供"系统帮助""操作帮助""工艺帮助"几类帮助信息。

"系统帮助"(图 2-14 与图 2-15)为系统使用帮助,帮助学员学习如何使用

模块二　装置单元技能操作

软件。

图 2-14　系统帮助（1）

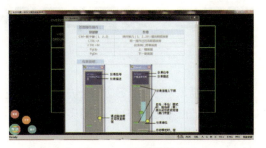

图 2-15　系统帮助（2）

"操作帮助"（图 2-16 与图 2-17）指导学员学习当前训练题目需要如何操作。

图 2-16　操作帮助（1）

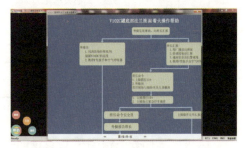

图 2-17　操作帮助（2）

"工艺帮助"（图 2-18）提示本项目所涉及的流程简介、设备列表、仪表列表、复杂控制、联锁说明等信息。

"操作帮助"和"工艺帮助"可根据需要在管理端进行开关。

2. 在线指导

系统根据当前训练题目和学员操作状况实时提醒当前可操作内容（图 2-19）。

图 2-18　工艺帮助

图 2-19　在线指导

在线指导功能可根据需要在管理端进行开关，也就是说可以控制学员端是否显示操作指导信息。

项目二 装置单元操作

离心泵、换热器、加热炉、分馏塔、循环氢压缩、加氢反应等单元装置（表 2-1）在正常运行中存在诸多安全隐患，如不及时排除，可能影响产品质量，甚至发生危险事故。

表 2-1 各装置单元所属模块

序号	任务名称	所属模块
1	离心泵单元	通用单元
2	换热器单元	通用单元
3	加热炉单元	通用单元
4	分馏塔单元	通用单元
5	循环氢压缩单元	特定单元
6	加氢反应单元	特定单元

注：参照考核标准，以东方仿真公司软件为例进行操作讲解。

在科目三任务中根据单元装置的特性设置了诸多常见安全隐患，需及时进行排查，并根据现象判断隐患类型，选择合适的处理方式，降低事故风险。

安全生产重于泰山，在科目四任务中模拟了正常生产过程中可能会发生的诸多安全事故，需要班长、操作员等多角色配合进行事故处置，考察学员应对突发事件的快速反应、应急指挥、处置能力等。根据事故现象，进行及时处置，可减少事故发生带来的人员伤亡和财产损失。

任务一 完成离心泵单元操作

一、工艺内容简介

1. 工作原理

离心泵一般由电动机带动。启动前须在离心泵的壳体内充满被输送的液体。当电动机通过联轴器带动叶轮高速旋转时，液体受到叶片的推力同时旋转；由于离心力的作用，液体从叶轮中心被甩向叶轮外沿，以高速流入泵壳；当液体到

离心泵介绍

达蜗形通道后，由于截面积逐渐扩大，大部分动能变成静压能，于是液体以较高的压力送至所需的地方。当叶轮中心的液体被甩出后，泵壳吸入口形成了一定的真空，在压差的作用下，其他液体经吸入管被吸入泵壳内，填补被排出液体的位置。

离心泵的操作中有两种现象是应该避免的，即气缚和汽蚀。"气缚"是指泵在启动之前没有灌满被输送液体或在运转过程渗入了空气，因气体的密度远小于液体，产生的离心力小，无法把空气甩出去，导致叶轮中心所形成的真空度不足以将液体吸入泵内；尽管此时叶轮在不停地旋转，却由于离心泵失去了自吸能力而无法输送液体。"汽蚀"指的是当贮槽液面上的压力一定时，如叶轮中心的压力降低到被输送液体当前温度下的饱和蒸气压时，叶轮进口处的液体会出现大量的气泡，这些气泡随液体进入高压区后又迅速被压碎而凝结，致使气泡所在空间形成真空，周围液体质点以极大速度冲向气泡中心，造成冲击点上有瞬间局部冲击压力，从而使叶轮等部件很快损坏；同时伴有泵体振动，并发出噪声，泵的流量、扬程和效率明显下降。

2. 流程说明

来自界区的 40℃ 带压液体经控制阀 LV1001 进入贮槽 D101，D101 的压力由控制阀 PIC1001 分程控制在 0.5MPa（G）。当压力高于 0.5MPa（G）时，控制阀 PV1001B 打开泄压；当压力低于 0.5MPa（G）时，控制阀 PV1001A 打开充压。D101 的液位由控制阀 LIC1001 控制进料量维持在 50%，贮槽内液体经离心泵 P101A/B 送至界区外，泵出口流量由控制阀 FIC1001 控制在 20000kg/h。

3. 工艺卡片

离心泵单元工艺参数卡片如表 2-2 所示。

表 2-2　离心泵单元工艺参数卡片

名称	项目	单位	指标
原料进装置	流量	kg/h	20000
	压力（PIC1001）	MPa（G）	0.5
原料出装置	流量（FIC1001）	kg/h	20000
	压力（PI1003/PI1005）	MPa（G）	1.5

4. 设备列表

离心泵单元设备列表如表 2-3 所示。

表 2-3　离心泵单元设备列表

位号	名称	位号	名称	位号	名称
D101	原料罐	P101A	原料泵	P101B	备用泵

5. 仪表列表

离心泵单元 DCS 仪表列表如表 2-4 所示。

表 2-4　离心泵单元 DCS 仪表列表

点名	单位	正常值	控制范围	描述
FIC1001	kg/h	20000	16000～24000	出料流量控制
PIC1001	MPa（G）	0.5	0.4～0.6	D101 压力控制
PI1003	MPa（G）	1.5	1.2～1.8	P101A 出口处压力
PI1005	MPa（G）	1.5	1.2～1.8	P101B 出口处压力
LIC1001	%	50	40～60	D101 液位控制

6. 现场阀列表

离心泵单元现场阀列表如表 2-5 所示。

表 2-5　离心泵单元现场阀列表

现场阀位号	描述	现场阀位号	描述
FV1001I	流量控制阀 FV1001 前阀	VX1D101	D101 的排液阀
FV1001O	流量控制阀 FV1001 后阀	VI1P101A	泵 P101A 入口阀
FV1001B	流量控制阀 FV1001 旁路阀	VX1P101A	泵 P101A 泄液阀
PV1001AI	压力控制阀 PV1001A 前阀	VX3P101A	泵 P101A 排气阀
PV1001AO	压力控制阀 PV1001A 后阀	VO1P101A	泵 P101A 出口阀
PV1001AB	压力控制阀 PV1001A 旁路阀	VI1P101B	泵 P101B 入口阀
PV1001BI	压力控制阀 PV1001B 前阀	VX1P101B	泵 P101B 泄液阀
PV1001BO	压力控制阀 PV1001B 后阀	VX3P101B	泵 P101B 排气阀
PV1001BB	压力控制阀 PV1001B 旁路阀	VO1P101B	泵 P101B 出口阀
LV1001I	液位控制阀 LV1001 前阀	SPVD101I	原料罐安全阀前阀
LV1001O	液位控制阀 LV1001 后阀	SPVD101O	原料罐安全阀后阀
LV1001B	液位控制阀 LV1001 旁路阀	SPVD101B	原料罐安全阀旁路阀

7. 离心泵仿真 PID 图

离心泵仿真 PID 图如图 2-20 所示。

8. 离心泵 DCS 图

离心泵 DCS 图如图 2-21 所示。

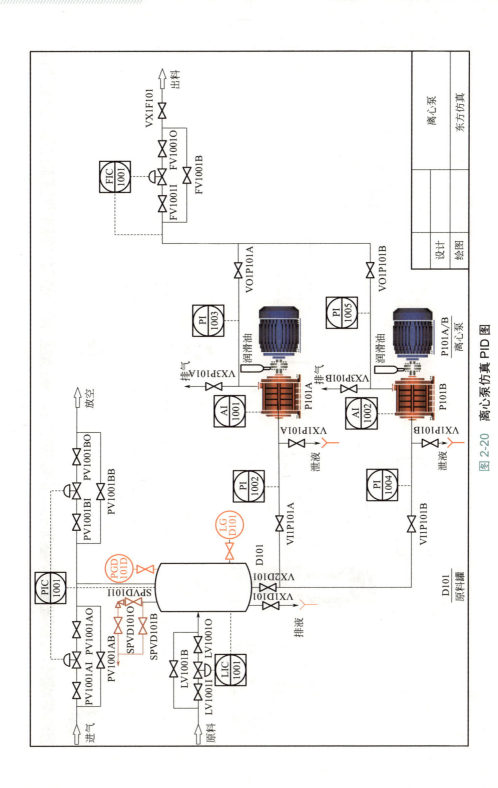

图 2-20 离心泵仿真 PID 图

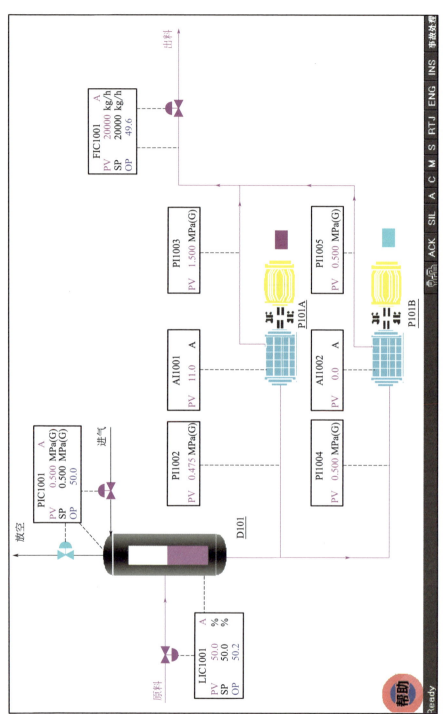

图 2-21 离心泵 DCS 图

二、作业现场安全隐患排除——仿真与实物

1. 长时间停电

事故原因：装置停电。

事故现象：泵 P101A 停转，出口压力迅速下降，流量迅速下降。

处理原则：关闭出料流量控制阀与液位控制阀，维持系统压力稳定。

扫一扫看视频

离心泵作业现场安全隐患排除

具体步骤：

（1）关闭原料泵出口阀 VO1P101A。

（2）出料流量控制阀 FIC1001 改为手动。

（3）关闭出料流量控制阀前后手阀及 FIC1001。

（4）液位控制阀 LIC1001 改为手动。

（5）关闭液位控制阀前后手阀及 LIC1001。

（6）维持系统压力在正常范围（0～100%）内。

2. 原料泵坏

事故原因：P101A 故障。

事故现象：P101A 泵停，出口压力下降。

处理原则：切换备用泵。

具体步骤：

（1）启动备用泵 P101B。

（2）打开备用泵出口阀 VO1P101B。

（3）关闭原料泵出口阀 VO1P101A。

（4）关闭原料泵入口阀 VI1P101A。

（5）打开原料泵泄液阀 VX1P101A。

（6）控制备用泵出口压力 PI1005 至正常值 1.5MPa（G）。

（7）控制泵出口流量 FIC1001 至正常值 20000kg/h。

（8）控制原料罐液位 LIC1001 在正常范围（0～100%）内。

3. 原料泵抽空

事故原因：原料泵抽空。

事故现象：泵 P101A 输送能力下降，出口压力下降。

处理原则：对事故泵进行排气操作，排除气缚并调节各参数。

具体步骤：

（1）打开事故泵排气阀 VX3P101A。

（2）排气完毕，关闭事故泵排气阀 VX3P101A。

（3）控制事故泵入口压力 PI1002 至正常值。

（4）控制事故泵出口压力 PI1003 至正常值 1.5MPa（G）。

（5）控制原料罐压力 PIC1001 至正常值 0.5MPa（G）。

4. 入口管线堵

事故原因：P101A 入口管线堵。

事故现象：泵 P101A 后压力下降。

处理原则：切换备用泵。

具体步骤：

（1）启动备用泵 P101B。

（2）打开备用泵出口阀 VO1P101B。

（3）关闭事故泵出口阀 VO1P101A。

（4）停事故泵 P101A。

（5）关闭事故泵入口阀 VI1P101A。

（6）控制备用泵入口压力 PI1004 至正常值。

（7）控制备用泵出口压力 PI1005 至正常值 1.5MPa（G）。

（8）控制泵出口流量 FIC1001 至正常值 20000kg/h。

（9）控制原料罐液位 LIC1001 在正常范围（0 ～ 100%）内。

5. 出料流量控制阀卡

事故原因：控制阀 FV1001 卡。

事故现象：DCS 界面显示出料流量（FIC1001）迅速降低。

处理原则：切换旁路阀。

具体步骤：

（1）打开出料流量控制阀旁路阀 FV1001B。

（2）关闭出料流量控制阀前阀 FV1001I。

（3）关闭出料流量控制阀后阀 FV1001O。

（4）调节流量达到正常值 20000kg/h。

三、作业现场应急处置——仿真

1. 离心泵机械密封泄漏着火

作业状态：离心泵 P101A 运转正常，各工艺指标操作正常。

事故描述：离心泵机械密封泄漏着火。

应急处理程序：

注：下列命令和报告除特殊标明外，都是用对讲机来进行传递。

（1）外操员正在巡检，当行走到原料泵 P101A 时发现机械密封处泄漏着火。外操员立即向班长报告"原料泵 P101A

离心泵作业现场应急处置

机械密封处泄漏着火"。

(2) 班长接到外操员的报警后,立即使用广播启动《车间泄漏着火应急预案》;然后命令安全员"请组织人员到门口拉警戒绳";接着用中控室岗位电话向调度室报告发生泄漏着火(电话号码:12345678;电话内容:"原料泵 P101A 机械密封处泄漏着火,已启动应急预案")。

(3) 外操员返回中控室取出空气呼吸器佩戴好,并携带 F 型扳手迅速去事故现场。

(4) 班长从中控室中取出空气呼吸器佩戴好,并携带 F 型扳手迅速去事故现场。

(5) 安全员收到班长的命令后,从中控室的工具柜中取出空气呼吸器佩戴好,携带警戒绳,去 1 号大门口。到达后立即拉警戒绳(自动完成)。

(6) 班长通知主操"请拨打电话 119,报火警";主操报火警"泵房内离心泵机械密封处苯泄漏着火,火势较大,无法控制,请派消防车灭火,报警人张三";班长通知安全员"请组织人员到 1 号门口引导消防车"。

(7) 安全员听到班长的命令后,打开消防通道,引导消防车进入事故现场(自动完成)。

(8) 班长通知主操及外操员"执行紧急停车操作"。

(9) 外操接到班长的命令后执行相应操作:

停事故泵 P101A 电源;

关闭原料罐底现场阀 VX2D101;

关闭流量控制阀前阀 FV1001I;

通知主操"事故泵 P101A 已停止运转";

向班长汇报"现场操作完毕"。

(10) 主操听到班长通知后,点击 DCS 进行相应操作:

关闭系统进料控制阀 LIC1001;

待现场停泵 P101A 后关闭产品送出阀 FIC1001;

向班长汇报"室内操作完毕"。

(11) 待所有操作完成后,班长向调度汇报"事故处理完毕,请派维修人员进行维修"。

(12) 班长用广播宣布"解除事故应急预案",整个事故处理结束。

2. 离心泵出口法兰泄漏着火

作业状态:当前离心泵运转正常,各工艺指标操作正常。

事故描述:离心泵出口法兰泄漏着火。

应急处理程序:

注:下列命令和报告除特殊标明外,都是用对讲机来进行传递。

(1) 外操员正在巡检,当行走到原料泵 P101A 时看到离心泵出口法兰泄漏着火。外操员立即向班长报告"原料泵 P101A 出口法兰泄漏着火"。

(2) 班长接到外操员的报警后,立即使用广播启动《车间泄漏着火应急预案》;

然后命令安全员"请组织人员到门口拉警戒绳";接着用中控室岗位电话向调度室报告发生泄漏着火(电话号码:12345678;电话内容:"泵 P101A 出口法兰泄漏着火,已启动应急预案")。

(3) 外操员返回中控室取出空气呼吸器佩戴好,并携带 F 型扳手迅速去事故现场。

(4) 班长从中控室中取出空气呼吸器佩戴好,并携带 F 型扳手迅速去事故现场。

(5) 安全员收到班长的命令后,从中控室的工具柜中取出空气呼吸器佩戴好,携带警戒绳,去 1 号大门口。到达后立即拉警戒绳(自动完成)。

(6) 班长通知主操"请拨打电话 119,报火警";主操报火警"泵房内离心泵出口法兰处苯泄漏着火,火势较大,无法控制,请派消防车灭火,报警人张三";班长通知安全员"请组织人员到 1 号门口引导消防车"。

(7) 安全员听到班长的命令后,打开消防通道,引导消防车进入事故现场(自动完成)。

(8) 班长通知主操及外操员"执行紧急停车操作"。

(9) 外操接到班长的命令后执行相应操作:

停事故泵 P101A 电源;

关闭原料罐底现场阀 VX2D101;

关闭出料流量控制阀前阀 FV1001I;

通知主操"事故泵 P101A 已停止运转";

向班长汇报"现场操作完毕"。

(10) 主操听到班长通知后,点击 DCS 进行相应操作:

关闭系统进料控制阀 LIC1001;

待现场停泵后关闭产品送出阀 FIC1001;

向班长汇报"室内操作完毕"。

(11) 待所有操作完成后,班长向调度汇报"事故处理完毕,请派维修人员进行维修"。

(12) 班长用广播宣布"解除事故应急预案",整个事故处理结束。

3. 离心泵出口法兰泄漏有人中毒

作业状态:当前离心泵运转正常,各工艺指标操作正常。

事故描述:离心泵出口法兰泄漏,有一工人中毒晕倒在地。

应急处理程序:

注:下列命令和报告除特殊标明外,都是用对讲机来进行传递。

(1) 外操员正在巡检,当行走进泵房时发现原料泵 P101A 附近有一工人中毒晕倒在地。外操员立即向班长报告"原料泵 P101A 附近有一工人中毒晕倒在地"。

(2) 班长接到外操员的报警后,立即使用广播启动《车间泄漏中毒应急预案》;然后命令安全员"请组织人员到门口拉警戒绳";接着用中控室岗位电话向调度室报告发生泄漏中毒（电话号码：12345678；电话内容："原料泵 P101A 处泄漏，有一工人中毒晕倒在地，已启动应急预案"）。

（3）外操员返回中控室取出空气呼吸器佩戴好，并携带 F 型扳手迅速去事故现场。

（4）班长从中控室中取出空气呼吸器佩戴好，并携带 F 型扳手迅速去事故现场。

（5）安全员收到班长的命令后，从中控室的工具柜中取出空气呼吸器佩戴好，携带警戒绳，去 1 号大门口。到达后立即拉警戒绳（自动完成）。

（6）班长带领外操员到达现场，将中毒人员抬出泵房。班长通知主操"请打电话 120 叫救护车"。

（7）主操向 120 呼救（电话内容："泵房内离心泵出口法兰处苯泄漏，有人中毒昏迷不醒，请派救护车，拨打人张三"）。

（8）班长通知安全员引导救护车。

（9）救护车到来，将中毒工人救走（自动完成）。

（10）班长命令外操"关停事故泵 P101A，启动备用泵 P101B，并将事故泵 P101A 倒空"，并命令主操"监视装置生产状况"。

（11）外操员关停事故泵 P101A 电源；对备用泵 P101B 盘车，启动备用泵 P101B，打开其出口阀 VO1P101B；备用泵 P101B 启动运转正常后，关闭事故泵 P101A 后阀 VO1P101A、前阀 VI1P101A；向班长汇报"现场操作完毕"。

（12）主操向班长汇报"装置运行正常"。

（13）待所有操作完成后，班长向调度汇报"事故处理完毕，请派维修人员进行维修"。

（14）班长用广播宣布"解除事故应急预案"，整个事故处理结束。

4. 出料流量控制阀前法兰泄漏着火

作业状态：当前离心泵运转正常，各工艺指标操作正常。

事故描述：出料流量控制阀 FIC1001 前法兰泄漏着火。

应急处理程序：

注：下列命令和报告除特殊标明外，都是用对讲机来进行传递。

（1）外操员正在巡检，当行走至泵房时，看到出料流量控制阀 FIC1001 前法兰处泄漏着火。外操员立即向班长报告"出料流量控制阀 FIC1001 前法兰处泄漏着火"。

（2）班长接到外操员的报警后，立即使用广播启动《车间泄漏着火应急预案》；然后命令安全员"请组织人员到门口拉警戒绳"；接着用中控室岗位电话向调度室报告发生泄漏着火（电话号码：12345678；电话内容："出料流量控制阀 FIC1001 前法兰泄漏着火，已启动应急预案"）。

（3）外操员返回中控室取出空气呼吸器佩戴好，并携带 F 型扳手迅速去事故现场。

（4）班长从中控室中取出空气呼吸器佩戴好，并携带 F 型扳手迅速去事故现场。

（5）安全员收到班长的命令后，从中控室的工具柜中取出空气呼吸器佩戴好，携带警戒绳，去 1 号大门口。到达后立即拉警戒绳（自动完成）。

（6）班长通知主操"请拨打电话 119，报火警"；主操报火警"泵房内出料流量控制阀前法兰处苯泄漏着火，火势较大，无法控制，请派消防车灭火，报警人张三"；班长通知安全员"请组织人员到 1 号门口引导消防车"。

（7）安全员听到班长的命令后，打开消防通道，引导消防车进入事故现场（自动完成）。

（8）班长通知主操及外操员"执行紧急停车操作"。

（9）外操接到班长的命令后执行相应操作：

停原料泵 P101A 电源；

关闭原料泵出口阀 VO1P101A；

关闭去下游装置现场阀 VX1F101；

向班长汇报"现场操作完毕"。

（10）主操听到班长通知后，点击 DCS 进行相应操作：

关闭系统进料控制阀 LIC1001；

待现场停泵后关闭产品送出阀 FIC1001；

向班长汇报"室内操作完毕"。

（11）待所有操作完成后，班长向调度汇报"事故处理完毕，请派维修人员进行维修"。

（12）班长用广播宣布"解除事故应急预案"，整个事故处理结束。

任务二　完成换热器单元操作

一、工艺内容简介

1. 工作原理

本单元选用的是双程列管式换热器，冷物流被加热后有相变化。

在对流传热中，传递的热量除与传热推动力（温度差）有关外，还与传热面积和传热系数成正比。传热面积减少时，传热量减少；如果间壁上有气膜或垢层，会降低传热系数，减少传热量。

扫一扫看视频

换热器介绍

所以，开车时要排不凝气；发生管堵或严重结垢时，必须停车检修或清洗。

另外，考虑到金属的热胀冷缩特性，尽量减小温差应力和局部过热等问题，开车时应先进冷物料后进热物料；停车时则先停热物料后停冷物料。

2. 流程说明

冷物料（92℃）进入本单元，经泵 P101A/B，由控制阀 FIC1001 控制流量送入换热器 E101 壳程，加热到 142℃（20％被汽化）后，经阀 VI2E101 出系统。热物料（225℃）进入系统，经泵 P102A/B，由温度控制阀 TIC1001 分程控制主线控制阀 TV1001A 和副线控制阀 TV1001B（两控制阀如图 2-22 所示）送入换热器与冷物料换热，使冷物料出口温度稳定；过主线阀 TV1001A 的热物料经换热器 E101 管程后，与副线阀 TV1001B 来的热物料混合［混合温度为（177±2）℃］，由阀 VI4E101 出本单元。

3. 工艺卡片

换热器单元工艺参数卡片如表 2-6 所示。

表 2-6　换热器单元工艺参数卡片

物流	项目及位号	正常指标	单位
冷物流进装置	流量（FIC1001）	19200	kg/h
	温度（TI1001）	92	℃
热物流进装置	流量（FI1001）	10000	kg/h
	温度（TI1003）	225	℃
冷物流出装置	温度（TI1002）	142	℃
热物流出装置	温度（TI1004）	177	℃

4. 设备列表

换热器单元设备列表如表 2-7 所示。

表 2-7　换热器单元设备列表

设备位号	设备名称	设备位号	设备名称	设备位号	设备名称
P101A/B	冷物流进料泵	P102A/B	热物流进料泵	E101	列管式换热器

5. 仪表列表

换热器单元 DCS 仪表列表如表 2-8 所示。

表 2-8　换热器单元 DCS 仪表列表

序号	位号	单位	正常值	控制范围	描述
1	FIC1001	kg/h	19200	19100～19300	E101 冷物流流量控制

续表

序号	位号	单位	正常值	控制范围	描述
2	FI1001	kg/h	10000	9900～10100	热物流主线流量显示
3	FI1002	kg/h	10000	9900～10100	热物流副线流量显示
4	PI1001	MPa（G）	0.8	0.3～1.3	P101A/B 出口压力显示
5	PI1002	MPa（G）	0.9	0.4～1.4	P102A/B 出口压力显示
6	TIC1001	℃	177	167～187	热物流出口温度控制
7	TI1001	℃	92	82～102	冷物流入口温度显示
8	TI1002	℃	142	132～152	冷物流出口温度显示
9	TI1003	℃	225	215～235	热物流入口温度显示
10	TI1004	℃	129	119～139	热物流出口温度显示

6. 现场阀列表

换热器单元现场阀列表如表 2-9 所示。

表 2-9　换热器单元现场阀列表

位号	描述	位号	描述
FV1001I	FV1001 前手阀	P102AI	P102A 前阀
FV1001O	FV1001 后手阀	P102AO	P102A 后阀
FV1001B	FV1001 旁路阀	P102BI	P102B 前阀
TV1001AI	TV1001A 前手阀	P102BO	P102B 后阀
TV1001AO	TV1001A 后手阀	VX1E101	E101 壳程排气阀
TV1001AB	TV1001A 旁路阀	VX2E101	E101 管程排气阀
TV1001BI	TV1001B 前手阀	VI1E101	冷物流进料阀
TV1001BO	TV1001B 后手阀	VI2E101	冷物流出口阀
TV1001BB	TV1001B 旁路阀	LPY	E101 壳程泄液阀
P101AI	P101A 前阀	VI3E101	E101 壳程导淋阀
P101AO	P101A 后阀	VI4E101	热物流出口阀
P101BI	P101B 前阀	RPY	E101 管程泄液阀
P101BO	P101B 后阀	VI5E101	E101 管程导淋阀

7. 换热器仿真 PID 图

换热器单元仿真 PID 图如图 2-22 所示。

8. 换热器 DCS 图

换热器单元 DCS 图如图 2-23 所示。

模块二 装置单元技能操作

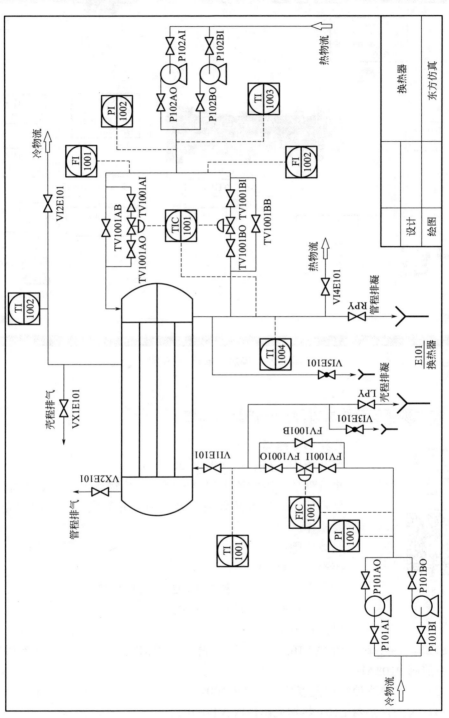

图 2-22 换热器单元仿真 PID 图

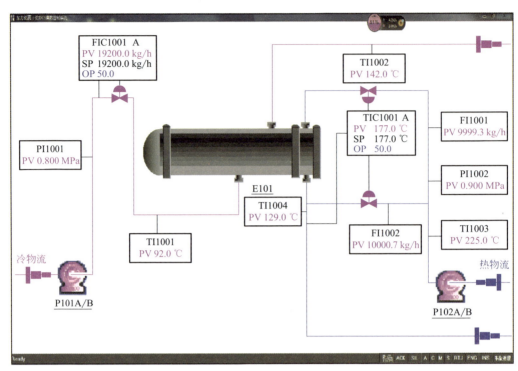

图 2-23　换热器单元 DCS 图

二、作业现场安全隐患排除——仿真与实物

扫一扫看视频

换热器作业现场安全隐患排除

1. 换热器结垢

事故原因：换热器结垢严重。

事故现象：冷物流出口温度降低，热物流出口温度升高。

处理原则：停冷热物流泵及进料，并对换热器管程和壳程进行排凝操作。

具体步骤：

停热物流泵 P102A：

（1）关闭热物流进料泵 P102A 后阀 P102AO；

（2）关闭热物流进料泵 P102A。

停热物流进料：

（1）当热物料进流泵 P102A 出口压力降到 0.01MPa 时，关闭热物流进料泵 P102A 前阀 P102AI；

（2）关闭热物流出口温度控制阀 TIC1001；

（3）关闭换热器 E101 热物流出口阀 VI4E101。

换热器 E101 管程排凝：

（1）全开换热器 E101 管程排气阀 VX2E101；

（2）打开管程泄液阀 RPY；

（3）打开管程导淋阀 VI5E101，确认管程中的液体是否排净；

（4）如果管程中的液体排净，关闭管程泄液阀 RPY；

（5）确定管程中的液体排净后，关闭管程排气阀 VX2E101。

停冷物流泵 P101A：

（1）关闭冷物流进料泵 P101A 后阀 P101AO；

（2）关闭冷物流进料泵 P101A。

停冷物流进料：

（1）当冷物流进料泵出口压力小于 0.01MPa 时，关闭冷物流进料泵前阀 P101AI；

（2）关闭冷物流进料流量控制阀 FIC1001；

（3）关闭冷物流进换热器 E101 进料阀 VI1E101；

（4）关闭换热器冷物流出口阀 VI2E101。

换热器 E101 壳程排凝：

（1）全开壳程排气阀 VX1E101；

（2）打开壳程泄液阀 LPY；

（3）打开 E101 壳程导淋阀 VI3E101，确认壳程中的液体是否排净；

（4）如果壳程中的液体排净，关闭壳程泄液阀 LPY；

（5）确定壳程中的液体排净后，关闭壳程排气阀 VX1E101。

2. 热物流泵坏

事故原因：泵 P102A 故障。

事故现象：泵 P102A 出口压力骤降，冷物流出口温度下降。

处理原则：切换备用泵。

具体步骤：

（1）切换为备用泵 P102B。

（2）打开备用泵 P102B 的后手阀 P102BO。

（3）调整各工艺参数至正常范围，维持正常生产：

调节泵 P101A 出口压力 PI1001 为 0.8MPa（G）；

调节泵 P102A 出口压力 PI1002 为 0.9MPa（G）；

调节热物流主线流量 FI1001 为 10000kg/h；

调节热物流副线流量 FI1002 为 10000kg/h；

调节冷物流流量 FIC1001 为 19200kg/h；

调节热物流出口温度 TIC1001 为 177℃；

调节冷物流入口温度 TI1001 为 92℃；

调节冷物流出口温度 TI1002 为 142℃；
调节热物流入口温度 TI1003 为 225℃；
调节热物流出口温度 TI1004 为 129℃。

3. 冷物流泵坏

事故原因：泵 P101A 故障。

事故现象：泵 P101A 出口压力骤降，FIC1001 流量指示值减少。

处理原则：切换备用泵。

具体步骤：

（1）切换为备用泵 P101B。

（2）打开备用泵 P101B 的后手阀 P101BO。

（3）调整各工艺参数至正常范围，维持正常生产：

调节泵 P101A 出口压力 PI1001 为 0.8MPa（G）；

调节泵 P102A 出口压力 PI1002 为 0.9MPa（G）；

调节热物流主线流量 FI1001 为 10000kg/h；

调节热物流副线流量 FI1002 为 10000kg/h；

调节冷物流流量 FIC1001 为 19200kg/h；

调节热物流出口温度 TIC1001 为 177℃；

调节冷物流入口温度 TI1001 为 92℃；

调节冷物流出口温度 TI1002 为 142℃；

调节热物流入口温度 TI1003 为 225℃；

调节热物流出口温度 TI1004 为 129℃。

4. 长时间停电

事故原因：装置停电。

事故现象：所有泵停止工作，冷、热物流压力骤降。

处理原则：关闭冷、热物流进料泵出口阀。

具体步骤：

（1）关闭冷物流进料泵出口阀 P101AO。

（2）关闭热物流进料泵出口阀 P102AO。

5. 冷物料中断

事故原因：冷物料突然中断。

事故现象：冷物料流量降为零。

处理原则：停用冷、热物流进料泵。

具体步骤：

（1）关闭热物流进料泵出口阀 P102AO。

（2）停热物流进料泵 P102A。

（3）关闭冷物流进料泵出口阀 P101AO。

（4）停冷物流进料泵 P101A。

三、作业现场应急处置——仿真

1. 冷物流泵出口法兰泄漏着火

作业状态：换热器各工艺指标操作正常。

事故描述：冷物流泵出口法兰泄漏着火。

应急处理程序：

注：下列命令和报告除特殊标明外，都是用对讲机来进行传递。

扫一扫看视频

换热器作业现场应急处置

（1）外操员正在巡检，当行走到换热器 E101 时，看到换热器冷物流泵出口法兰处泄漏着火。外操员立即向班长报告"换热器冷物流泵 P101A 出口法兰处泄漏着火"。

（2）外操员快速取灭火器站在上风口对准着火点进行喷射灭火。

（3）班长接到外操员的报警后，立即使用广播启动《车间泄漏着火应急预案》。

（4）班长用中控室电话向调度室报告"换热器冷物流泵 P101A 出口法兰处泄漏着火，已启动应急预案"。

（5）班长命令安全员"请组织人员到 1 号门口拉警戒绳"。

（6）外操员和班长从中控室的工具柜中取出正压式空气呼吸器佩戴好并携带 F 型扳手。

>> 如果火无法熄灭（需要紧急停车）：

（1）外操员向班长汇报"尝试灭火，但火没有灭掉"。

（2）班长命令主操"请拨打电话 119，报火警"（如班长自己拨打 119 可不发此命令。电话内容："换热器冷物流泵 P101A 出口法兰处发生火灾，有可燃物泄漏并着火，请派消防车来，报警人张三"）。

（3）班长命令安全员"请组织人员到 1 号门口引导消防车"。

（4）班长命令主操及外操员"执行紧急停车操作"：

主操将热物流出口温度控制阀 TIC1001 切至手动；

主操将热物流出口温度控制阀 TIC1001 关闭；

主操关闭冷物流进料流量控制阀 FIC1001；

主操操作完毕后向班长汇报"室内操作完毕"；

外操员停冷物流进料泵 P101A；

外操员关闭冷物流入口阀 VI1E101；

外操员关闭冷物流出口阀 VI2E101；

外操员关闭热物流进料泵 P102A 的出口阀 P102AO；

外操员停热物流进料泵 P102A；

外操员关闭换热器热物流出口阀 VI4E101；

待火扑灭且泄漏消除之后，外操员向班长汇报"现场操作完毕"。

（5）待所有操作完成后，班长向调度汇报"事故处理完毕"。

（6）班长用广播宣布"解除事故应急预案"。

2. 换热器热物流出口法兰泄漏着火

作业状态：换热器各工艺指标操作正常。

事故描述：热物流出口法兰处着火。

应急处理程序：

注：下列命令和报告除特殊标明外，都是用对讲机来进行传递。

（1）外操正在巡检，当行走到 E101 时看到换热器热物料出口法兰处泄漏着火，马上向班长报告"换热器 E101 热物流出口法兰处泄漏着火"。

（2）外操快速取灭火器站在上风口对准着火点进行喷射灭火。

（3）班长接到外操的报警后，立即使用广播启动《车间泄漏着火应急预案》。

（4）班长用中控室电话向调度室报告"换热器 E101 热物流出口法兰处泄漏着火，已启动应急预案"。

（5）班长命令安全员"请组织人员到 1 号门口拉警戒绳"。

（6）外操和班长从中控室的工具柜中取出正压式空气呼吸器佩戴好并携带 F 型扳手。

>> 如果火无法熄灭（需要紧急停车）：

（1）外操向班长汇报"尝试灭火，但火没有灭掉"。

（2）班长命令主操"请拨打电话 119，报火警"（如班长自己拨打 119 可不发此命令。电话内容："换热器 E101 热物流出口法兰处发生火灾，有可燃物泄漏并着火，请派消防车来，报警人张三"）。

（3）班长命令安全员"请组织人员到 1 号门口引导消防车"。

（4）班长命令主操及外操员"执行紧急停车操作"：

主操将热物流出口温度控制阀 TIC1001 切至手动；

主操将热物流出口温度控制阀 TIC1001 关闭；

主操关闭冷物流进料流量控制阀 FIC1001 停止进料；

外操员关闭热物流进料泵 P102A 的出口阀 P102AO；

外操员停热物流进料泵 P102A；

外操员关闭热物流出口阀 VI4E101；

外操员关闭冷物流进料泵 P101A 的出口阀 P101AO；

外操员停冷物流进料泵 P101A；

外操员关闭冷物流出口阀 VI2E101；

外操员关闭冷物流入口阀 VI1E101；

外操操作完毕后向班长报告"现场操作完毕";
主操操作完毕后向班长汇报"室内操作完毕"。
(5) 待所有操作完成后，班长向调度汇报"事故处理完毕"。
(6) 班长用广播宣布"解除事故应急预案"。

3. 换热器热物流出口法兰泄漏有人中毒

作业状态：换热器各工艺指标操作正常。

事故描述：换热器热物料出口法兰泄漏，有人中毒昏倒。

应急处理程序：

注：下列命令和报告除特殊标明外，都是用对讲机来进行传递。

(1) 外操巡检时，看到换热器 E101 热物流出口泄漏并有一职工昏倒在地，马上向班长报告"换热器 E101 热物流出口法兰处泄漏，有一职工昏倒在地"。

(2) 外操从中控室中取出正压式空气呼吸器佩戴好并携带 F 型扳手。

(3) 班长接到外操报警后，立即使用广播启动《车间危险化学品泄漏应急预案》。

(4) 班长命令安全员"请组织人员到门口拉警戒绳"。

(5) 班长用中控室电话向调度室报告"换热器 E101 热物流出口法兰处泄漏，有一职工昏倒在地，已启动应急预案"。

(6) 班长命令外操"立即去事故现场"。

(7) 班长从中控室的工具柜中取出正压式空气呼吸器佩戴好，并携带 F 型扳手到达现场，和外操员对受伤人员进行救护。

(8) 班长或主操给 120 打电话"吸收解吸车间吸收剂泄漏，有人中毒受伤，请派救护车，拨打人张三"。

(9) 班长命令安全员"请组织人员到 1 号门口引导救护车"。

(10) 班长通知主操"请监视装置生产状况"。

(11) 班长命令主操及外操员"执行紧急停车操作"：

主操关闭冷物流进料流量控制阀 FIC1001 停止进料；

外操员关闭热物流进料泵 P102A 的出口阀 P102AO；

外操员关闭热物流进料泵 P102A；

外操员关闭热物流出口阀 VI4E101；

外操员全开管程排气阀 VX2E101；

外操员打开管程泄液阀 RPY；

外操员打开 E101 管程导淋阀 VI5E101，检查换热器管程内的液体是否排净；

外操员确认换热器管程内的液体排净后，关闭管程泄液阀 RPY；

外操员关闭冷物流进料泵 P101A 的出口阀 P101AO；

外操员关闭冷物流进料泵 P101A；

外操员关闭冷物流出口阀 VI2E101；

外操员关闭冷物流入口阀 VI1E101；
外操员全开壳程排气阀 VX1E101；
外操员打开壳程泄液阀 LPY；
外操员打开 E101 壳程导淋阀 VI3E101，检查壳程内的液体是否排净；
外操员确认壳程中的液体排净后，关闭壳程泄液阀 LPY；
外操操作完毕后向班长汇报"现场操作完毕"；
主操操作完毕后向班长汇报"室内操作完毕"。
（12）所有操作完成后，班长向调度汇报"事故处理完毕"。
（13）班长用广播宣布"解除事故应急预案"。

任务三　完成加热炉单元操作

一、工艺内容简介

1. 工作原理

扫一扫看视频
加热炉介绍

在工业生产中，能对物料进行热加工，并使其发生物理或化学变化的加热设备称为工业炉或窑。一般把用来完成各种物料的加热、熔炼等加工工艺的加热设备叫做炉。按热源可分为：燃煤炉、燃油炉、燃气炉和油气混合燃烧炉。按炉温可分为：高温炉（＞1000℃）、中温炉（650～1000℃）和低温炉（＜650℃）。

工业炉的操作使用包括：烘炉操作、开/停车操作、热工调节和日常维护。其中烘炉的目的是排除炉体及附属设备中砌体的水分，并使砖的转化完全，避免砌体产生开裂和剥落现象，分为三个主要过程：水分排除期、砌体膨胀期和保温期。

本单元选用的是单烧气管式加热炉，这是石油化工生产中常用的设备之一。其主要结构有：辐射室（炉膛）、对流室、燃烧器、通风系统等。

辐射室（炉膛）位于加热炉的下部，是通过火焰或高温烟气进行辐射加热的部分。辐射室是加热炉的主要热交换场所，全炉热负荷的 70%～80% 是由辐射室担负的，它是全炉最重要的部分。

对流室是靠辐射室出来的烟气与炉管进行对流换热的部分，实际上也有一部分辐射热，但主要是对流传热起作用。

通风系统的任务是将燃烧用的空气由风门控制引入燃烧器，并将废烟气经挡板调节引出炉子，可分为自然通风方式和强制通风方式。

2. 流程说明

本流程是将某可燃性工艺物料经加热炉由燃料气加热至 330℃到塔 T101 进行分离。

250℃工艺物料经控制阀 FIC1001 控制流量（270t/h）进入原料罐 D101（原料罐 D101 的压力控制在 1.5MPa），然后经原料泵 P101A/B 分四股由 FIC1002、FIC1003、FIC1004、FIC1005 控制流量进入加热炉 F101；先进入加热炉的对流段加热升温，再进入辐射段，被加热至 330℃出加热炉，出口温度由控制阀 TIC1002 通过交叉限幅调节燃料气流量和空气流量来控制。

过热蒸汽在现场阀 VI9F101 的控制下，与加热炉的烟气换热至 350℃，回收余热后，回采暖汽系统。

燃料气由燃料气网管来，经压力控制阀 PIC1003 进入燃料气分液罐 D103，控制该设备的压力为 0.3MPa（A）。分离液体后的燃料气一路经长明灯线点火，另一路在长明灯线点火成功后，通过控制阀 FIC1008 控制流量进入加热炉进行燃烧。

炉出口工艺物料进入精馏塔 T101 中进行分离，塔顶气经空冷器 A101 和冷凝器 E101 后进入塔顶回流罐 D102；罐中分离出来的气相经塔顶压力控制阀 PIC1002 出装置，油相经塔顶回流泵 P103A/B 升压后一部分作为塔顶回流，另一部分作为产品采出。精馏塔 T101 塔釜物流经塔底出料泵 P102A/B 升压后作为塔底产品采出。

空气自鼓风机 C101 进入空气预热器 E103 与烟气换热后再进入加热炉 F101 的炉膛作为助燃空气，加热炉的烟气由引风机 C102 抽入空气预热器 E103 与冷空气换热后经烟囱排放。

3. 工艺卡片

加热炉单元工艺参数卡片如表 2-10 所示。

表 2-10　加热炉单元工艺参数卡片

设备名称	项目及位号	正常指标	单位
加热炉	原料进料温度（TI1004）	250	℃
	原料进料流量（FIC1001）	270±5	t/h
	炉膛负压（PIC1004）	−20～−40	Pa
	排烟温度（TI1020）	160±5	℃
	炉膛温度（TIC1002）	≤850	℃
	原料出口温度（TIC1003）	330±3	℃
	燃料气缓冲罐压力（PIC1003）	0.3±0.05	MPa
	烟气 CO 含量（AICO）	≤120	10^{-6}
	炉膛氧含量（AI1001）	2～4	%

续表

设备名称	项目及位号	正常指标	单位
塔	塔釜温度（TI1013）	270±15	℃
	塔顶温度（TIC1001）	75±15	℃
	塔顶回流罐压力（PIC1002）	1.5	MPa

4. 设备列表

加热炉单元设备列表如表 2-11 所示。

表 2-11 加热炉单元设备列表

位号	名称	位号	名称
D101	原料罐	P102A/B	T101 塔底出料泵
D102	T101 塔顶回流罐	P103A/B	T101 塔顶回流泵
D103	燃料气分液罐	F101	加热炉
E101	T101 塔顶冷凝器	T101	精馏塔
E103	空气预热器	C101	加热炉鼓风机
A101	T101 塔顶空冷器	C102	加热炉引风机
P101A/B	原料进料泵		

5. 仪表列表

加热炉单元 DCS 仪表列表如表 2-12 所示。

表 2-12 加热炉单元 DCS 仪表列表

点名	单位	正常值	控制范围	描述
AI1001	%	3	2～4	F101 烟气氧含量
FIC1001	t/h	270	265～275	原料油缓冲罐进料
FIC1002	t/h	67.5	65～70	原料油一路进料
FIC1003	t/h	67.5	65～70	原料油二路进料
FIC1004	t/h	67.5	65～70	原料油三路进料
FIC1005	t/h	67.5	65～70	原料油四路进料
FIC1006	t/h	99.4		T101 塔顶回流量
FIC1007	t/h	254.5		T101 塔釜出料量
FIC1008	m³/h（标准状况）	2772		燃料气进 F101 流量
FIC1011	m³/h（标准状况）	30800		空气进 F101 流量
FI1010	t/h	75.6		采暖汽流量
LIC1001	%	50	45～55	原料罐液位

续表

点名	单位	正常值	控制范围	描述
LIC1002	%	50	45～55	T101 液位
LIC1003	%	50	45～55	D102 液位
LIC1004	%	50	45～55	D103 液位
PIC1001	MPa（G）	1.5	1.4～1.6	原料罐压力
PIC1002	MPa（G）	1.5	1.45～1.55	D102 压力
PIC1003	MPa（G）	0.3	0.25～0.35	燃料气分液罐压力
PIC1004	Pa	-30	-20～-40	炉膛负压
PI1005	MPa（G）	1.7		T101 塔顶压力
TIC1001	℃	75	60～90	T101 塔顶温度
TIC1002	℃	600	≤850	F101 炉膛温度
TIC1003	℃	330	327～333	物料出口温度
TI1004	℃	250		原料自边界来温度
TI1005	℃	250		原料罐温度
TI1006	℃	330	327～333	加热炉一路出口温度
TI1007	℃	330	327～333	加热炉二路出口温度
TI1008	℃	330	327～333	加热炉三路出口温度
TI1009	℃	330	327～333	加热炉四路出口温度
TI1010	℃	600	≤850	F101 炉膛温度
TI1011	℃	380	375～385	对流段出口温度
TI1013	℃	270	255～285	T101 塔底温度
TI1015	℃	350		采暖汽出口温度
TI1016	℃	380	375～385	对流段出口温度
TI1017	℃	600	≤850	F101 炉膛温度
TI1018	℃	1300		F101 火焰温度
TI1019	℃	850		F101 炉膛测点温度
TI1020	℃	160	155～165	烟气出口温度

6. 现场阀列表

加热炉单元现场阀列表如表 2-13 所示。

表 2-13　加热炉单元现场阀列表

现场阀位号	描述	现场阀位号	描述
HC1005	烟道挡板	P101AO	原料进料泵出口阀
P101AI	原料进料泵入口阀	P102AI	T101 塔底出料泵入口阀

续表

现场阀位号	描述	现场阀位号	描述
P102AO	T101塔底出料泵出口阀	VI1T101	T101塔进料根部阀
P103AI	T101塔顶回流泵入口阀	VI2T101	T101塔底合格产品出料现场阀
P103AO	T101塔顶回流泵出口阀	VI3T101	T101塔底不合格产品出料现场阀
VI1F101	加热炉蒸汽吹扫阀	VX1D101	原料罐排液阀
VI3F101	燃料气火嘴进炉根部阀	VX1D102	回流罐D102排液阀
VIAF101	燃料气火嘴进炉根部阀	VX1D103	燃料气分液罐泄压阀
VIBF101	燃料气火嘴进炉根部阀	VX1E101	塔顶冷凝器E101冷却水进水阀
VICF101	燃料气火嘴进炉根部阀	VI1E101	塔顶冷凝器E101冷却水回水阀
VI4F101	长明灯线根部阀	VX5F101	自然通风风门
VI5F101	长明灯线根部阀	VX6F101	自然通风风门
VI6F101	长明灯线根部阀	VX7F101	自然通风风门
VI7F101	长明灯线根部阀	VX8F101	自然通风风门
VI8F101	燃料气长明灯线截止阀	VX1T101	塔T101排液阀
VI9F101	加热炉F101蒸汽入口阀	VX2T101	塔T101放空阀
VIEF101	加热炉采暖蒸汽并管网阀	VI1D103	燃料气管线导淋阀
VIFF101	加热炉采暖蒸汽放空阀		

7. 加热炉仿真PID图

加热炉单元仿真PID图如图2-24～图2-27所示。

8. 加热炉DCS图

加热炉单元DCS图如图2-28～图2-31所示。

二、作业现场安全隐患排除——仿真与实物

加热炉作业现场安全隐患排除

1. 原料中断

事故原因：边界原料中断。

事故现象：

（1）原料流量FIC1001降低；

（2）原料温度TI1004降低；

（3）原料罐液位降低。

处理原则：按紧急停主瓦斯按钮。

具体步骤：

（1）按紧急停主瓦斯按钮HC1006，关闭UV1006。

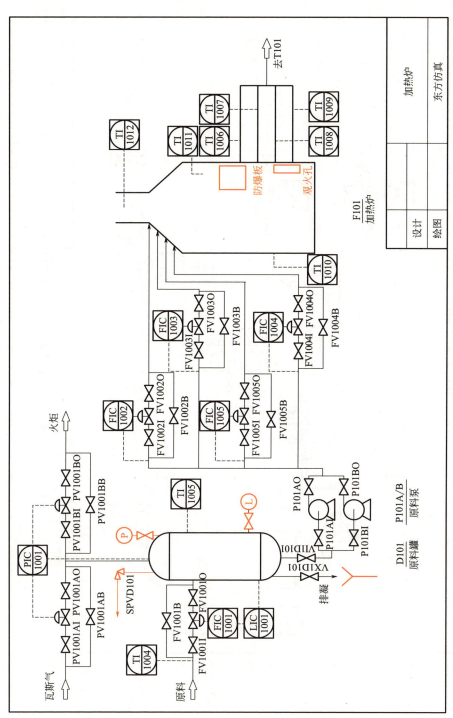

图 2-24 加热炉单元仿真 PID 图（原料系统一）

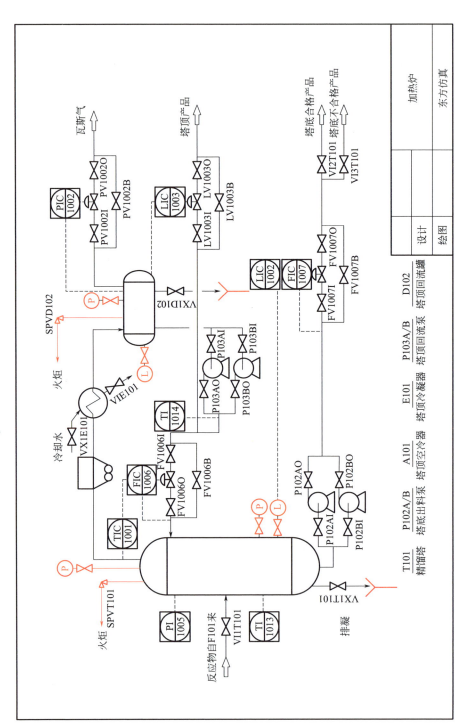

图 2-25 加热炉单元仿真 PID 图（原料系统二）

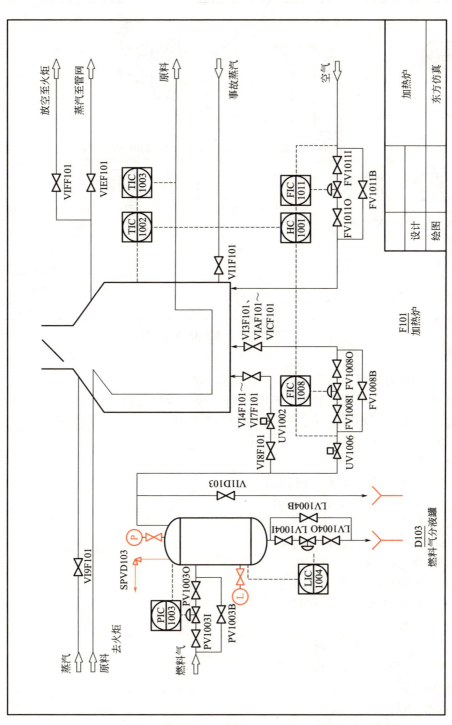

图 2-26 加热炉单元仿真 PID 图（燃料系统）

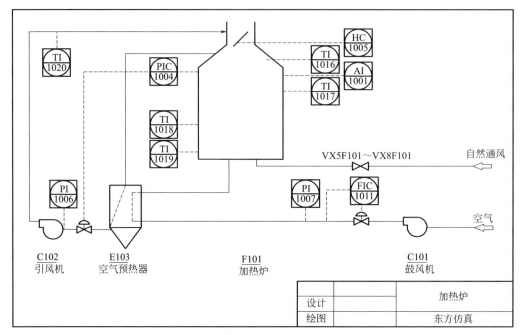

图 2-27　加热炉单元仿真 PID 图（空气系统）

（2）关闭燃料气主瓦斯流量控制阀 FIC1008。
（3）关闭燃料气主火嘴进炉根部阀 VI3F101、VIAF101、VIBF101、VICF101。
（4）关闭原料油缓冲罐进料流量控制阀 FIC1001 及下游阀 FV1001O。
（5）停原料泵 P101A。
（6）停塔釜出料泵 P102A。
（7）打开蒸汽放空阀 VIFF101。
（8）关闭蒸汽并网阀 VIEF101。

2. 燃料中断

事故原因：边界燃料气中断。

事故现象：

（1）燃料气缓冲罐压力降低；
（2）燃料气缓冲罐流量降低；
（3）炉膛温度降低；
（4）炉管出口温度降低；
（5）分离系统温度、压力下降。

处理原则：按紧急停长明灯线按钮、紧急停主瓦斯按钮。

具体步骤：

（1）按紧急停长明灯线按钮 HC1002，关闭快关阀 UV1002。

模块二 装置单元技能操作

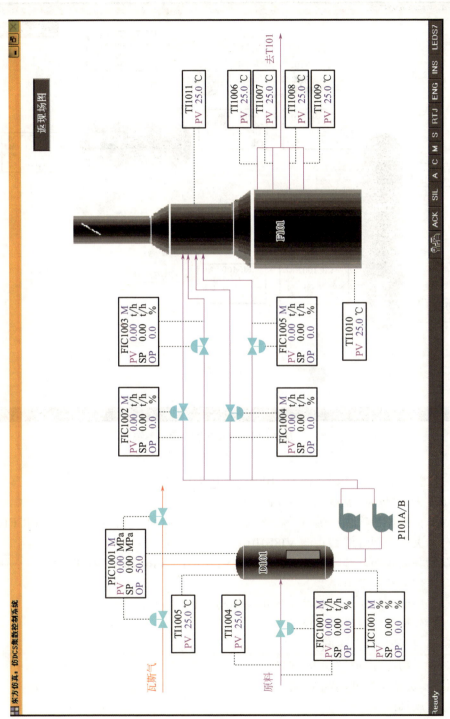

图 2-28 加热炉单元 DCS 图（原料系统一）

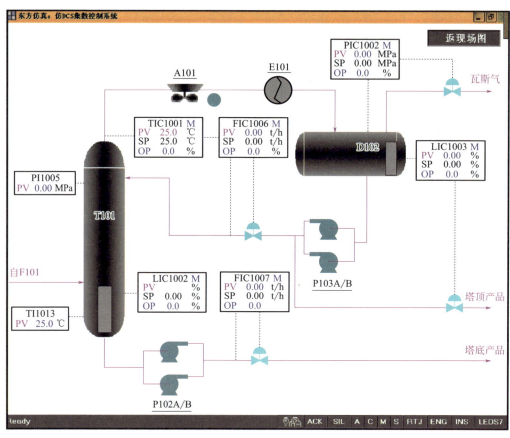

图 2-29 加热炉单元 DCS 图（原料系统二）

(2) 按紧急停主瓦斯按钮 HC1006，关闭 UV1006。
(3) 关闭燃料气流量控制阀 FIC1008。
(4) 关闭燃料气主火嘴进炉根部阀 VI3F101、VIAF101、VIBF101、VICF101。
(5) 关闭长明灯线截止阀 VI8F101。
(6) 关闭长明灯线根部阀 VI4F101、VI5F101、VI6F101、VI7F101。
(7) 停原料泵 P101A。
(8) 关闭原料进原料缓冲罐流量控制阀门 FIC1001。
(9) 停塔釜出料泵 P102A。
(10) 打开事故蒸汽吹扫。
(11) 打开蒸汽放空阀 VIFF101。
(12) 关闭蒸汽并网阀 VIEF101。

3. 鼓风机故障停机

事故原因：鼓风机故障。

模块二 装置单元技能操作

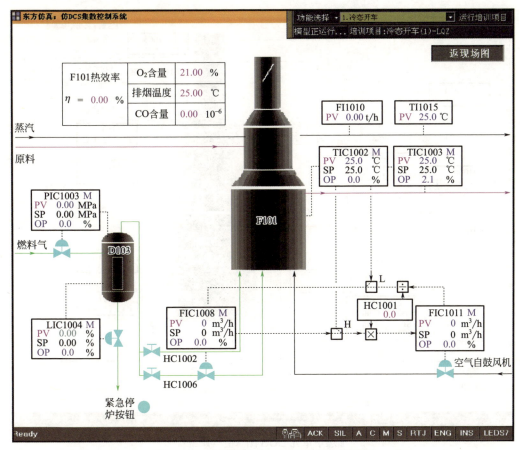

图 2-30 加热炉单元 DCS 图（燃料系统）

事故现象：
(1) 鼓风机停；
(2) 空气流量 FIC1011 降低；
(3) 炉氧含量下降；
(4) 炉膛负压降低；
(5) 炉出口温度下降；
(6) 分离系统温度、压力下降。

处理原则：对事故泵进行排气处理。

具体步骤：
(1) 打开自然通风风门 VX5F101、VX6F101、VX7F101、VX8F101。
(2) 停引风机 C102。
(3) 打开烟道挡板 HC1005。

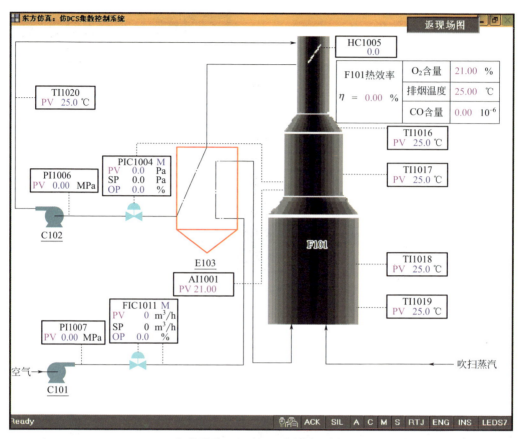

图 2-31 加热炉单元 DCS 图（空气系统）

三、作业现场应急处置——仿真

1. 原料泵出口法兰泄漏着火

作业状态：加热炉 F101 和分离塔 T101 处于正常生产状况，各工艺指标操作正常。

各设备参数状态如下。

加热炉 F101：

名称	项目	单位	指标
原料进料	温度	℃	250
原料进料	流量	t/h	270±5
炉 F101	炉膛负压	Pa	-20～-40
烟气	排烟温度	℃	160±5

续表

名称	项目	单位	指标
炉 F101	炉膛温度	℃	≤850
	原料出口	℃	330±3
燃料气缓冲罐	压力	MPa	0.3±0.05
烟气	CO 含量	10^{-6}	≤120
吹扫蒸汽	压力	MPa	0.9
空气入口	温度	℃	25

塔 T101：

名称	项目	单位	指标
T101 底部	温度	℃	270±15
	出料流量	t/h	254.5
T101 顶部	温度	℃	75±15
	压力	MPa	1.7

事故描述：工艺区现场，P101A 出口法兰处泄漏着火。

应急处理程序：

注：下列命令和报告除特殊标明外，都是用对讲机来进行传递。

（1）外操员正在巡回检查，走到泵 P101A 附近看到出口法兰处泄漏着火，且火势较大。外操员立即用步话机向班长汇报"泵 P101A 出口法兰处泄漏着火，且火势较大"，然后快速取灭火器站在上风口对准着火点进行喷射灭火。

（2）如及时准确地进行灭火，可能将火灭掉（即：在着火后 2min 之内开始正确连续喷射 20s，火焰可能会熄灭；否则，火焰不会熄灭）。如火焰熄灭，外操员汇报班长"火已扑灭"。如没熄灭，外操员则汇报班长"尝试灭火，但火没有灭掉"，然后返回中控室取出空气呼吸器佩戴好，并携带 F 型扳手迅速去事故现场。

（3）班长接到外操员的报警后，立即使用广播启动《车间泄漏着火应急预案》；然后命令安全员"请组织人员到 1 号门口拉警戒绳"；接着用中控室岗位电话向调度室报告（电话号码：12345678；电话内容："泵 P101A 出口法兰处泄漏着火，已启动应急预案"）。

（4）安全员收到班长的命令后，从中控室的工具柜中取出空气呼吸器佩戴好，携带警戒绳，去 1 号大门口。到达后立即拉警戒绳（自动完成）。

（5）班长从中控室的工具柜中取出空气呼吸器佩戴好，并携带 F 型扳手迅速去事故现场。

>> 如果火熄灭：

（1）班长带领外操员到达现场，发现火焰已经熄灭，现场有泄漏现象。班长通知主操"请监视装置生产状况",并命令外操员"切换原料进料泵 P101A 的备用泵"。

(2) 外操员听到命令后启动原料进料泵 P101A 的备用泵,打开 P101A 备用泵出口阀,停原料进料泵出口法兰泄漏事故泵并关闭该泵进出口阀。

(3) 班长通知调度"请维修人员进场维修"。

(4) 待所有操作完成后,班长向调度汇报"事故处理完毕"。

(5) 班长用广播宣布"解除事故应急预案"。

>> 如果火熄灭结束。

>> 如果火无法熄灭(需要紧急停车):

(1) 班长命令主操"请拨打电话 119,报火警"(如班长自己拨打 119 可不发此命令。电话内容:"泵 P101A 出口法兰泄漏着火,火势无法控制,请派消防车,报警人张三")。

(2) 主操接到班长的命令后,打 119 报火警。

(3) 班长命令安全员"请组织人员到 1 号门口引导消防车"。

(4) 班长命令主操及外操员"执行紧急停车操作"。

(5) 主操接到班长命令后执行相应操作:

按紧急停主瓦斯按钮 HC1006(关闭 UV1006);

按紧急停长明灯按钮 HC1002(关闭 UV1002);

关闭原料进料流量控制阀 FIC1001;

关闭燃料气分液罐压力控制阀 PIC1003。

(6) 外操接到班长的命令后执行相应操作:

停原料泵 P101A;

关闭原料罐 D101 出口根部阀 VI1D101;

关闭四路炉管进料控制阀 FV1002~FV1005 的前阀;

停塔釜采出泵 P102A;

关闭燃料气主火嘴进加热炉根部阀 VI3F101、VIAF101、VIBF101、VICF101;

关闭长明灯线根部阀 VI4F101、VI5F101、VI6F101、VI7F101;

打开采暖蒸汽放空阀 VIFF101;

关闭采暖蒸汽并网阀 VIEF101;

打开 VI1F101 用蒸汽吹扫炉膛;

关闭燃料气进料阀 PV1003 前后阀。

(7) 安全员接到班长的命令后,打开消防通道,引导消防车进入事故现场(自动完成)。

(8) 主操操作完毕后向班长报告"室内操作完毕"。

(9) 外操员操作完毕后向班长报告"现场操作完毕"。

(10) 班长接到外操员和主操的汇报后,待火熄灭,经检查无误,向调度汇报"事故处理完毕"。

(11) 班长用广播宣布"解除事故应急预案",车间紧急停车应急预案结束。

2. 加热炉炉管破裂

作业状态：加热炉 F101 和分离塔 T101 处于正常生产状况，各工艺指标操作正常。

事故描述：炉膛温度（TI1018、TI1019）急剧上升，加热炉出口温度（TIC1002）升高，炉膛氧含量（AI1001）下降。现场可看到炉烟筒冒黑烟。

应急处理程序：

注：下列命令和报告除特殊标明外，都是用对讲机来进行传递。

(1) 主操正在监视 DCS 操作画面，发现炉膛温度（TI1018、TI1019）急剧上升，加热炉出口温度（TIC1002）升高，炉膛氧含量（AI1001）下降；检查燃料气系统压力正常，FIC1008 在出口温度 TIC1002 串级控制下正逐步关小，马上向班长汇报"加热炉出现问题，可能是炉管破裂"。

(2) 班长接到主操的报警后，立即使用广播启动《车间紧急停车应急预案》；接着用中控室岗位电话向调度室报告［电话号码：12345678；电话内容："炉膛温度（TI1018、TI1019）急剧上升，加热炉出口温度（TIC1002）升高，炉膛氧含量（AI1001）下降，检查燃料气系统压力正常，FIC1008 在出口温度 TIC1002 串级控制下正逐步关小，发生加热炉炉管破裂事故，已启动紧急停车应急预案"］。

(3) 班长命令外操员"立即去事故现场"。外操员、班长分别从中控室的工具柜中取出 F 型扳手，迅速去事故现场。

(4) 班长命令主操及外操员"执行紧急停车操作"。

(5) 主操接到班长的命令后执行相应操作：

按紧急停主瓦斯按钮 HC1006（关闭 UV1006）；

按紧急停长明灯按钮 HC1002（关闭 UV1002）；

关闭四路炉管进料流量控制阀 FIC1002、FIC1003、FIC1004、FIC1005；

关闭原料进料流量控制阀 FIC1001；

关闭燃料气分液罐压力控制阀 PIC1003；

打开烟道挡板 HC1005。

(6) 外操接到班长的命令后执行相应操作：

关闭长明灯线截止阀 VI8F101；

关闭主燃料气流量控制阀 FV1008 后阀；

打开炉膛蒸汽吹扫阀 VI1F101；

停原料泵 P101A；

关闭塔进料根部阀 VI1T101；

打开蒸汽放空阀 VIFF101；

关闭蒸汽并网阀 VIEF101；

关闭四路炉管进料控制阀 FV1002 的后阀；

关闭四路炉管进料控制阀 FV1003 的后阀；

关闭四路炉管进料控制阀 FV1004 的后阀；

关闭四路炉管进料控制阀 FV1005 的后阀。

（7）主操操作完毕后向班长报告"室内操作完毕"。

（8）外操员操作完毕后向班长报告"现场操作完毕"。

（9）班长接到外操员和主操汇报后，经检查无误，向调度汇报"事故处理完毕"。

（10）班长用广播宣布"解除事故应急预案"，车间紧急停车应急预案结束。

3. 燃料气分液罐安全阀法兰泄漏着火

作业状态：加热炉 F101 和分离塔 T101 处于正常生产状况，各工艺指标操作正常。

事故描述：工艺区现场，燃料气分液罐顶安全阀法兰处泄漏着火。

应急处理程序：

注：下列命令和报告除特殊标明外，都是用对讲机来进行传递。

（1）现场操作工正在巡回检查，走到燃料气分液罐 D103 附近，发现罐顶安全阀法兰处泄漏着火，且火势较大，马上用对讲机向班长汇报"燃料气分液罐 D103 顶部安全阀出口法兰处泄漏着火，且火势较大"。

（2）班长接到外操员的报警后，立即使用广播启动《车间泄漏着火应急预案》；然后命令安全员"请组织人员到 1 号门口拉警戒绳"；接着用中控室岗位电话向调度室报告发生泄漏（电话号码：12345678；电话内容："燃料气分液罐 D103 顶部安全阀出口法兰处泄漏着火，已启动应急预案"）。

（3）安全员收到班长的命令后，从中控室的工具柜中取出空气呼吸器佩戴好，携带警戒绳，去 1 号大门口。到达后立即拉警戒绳（自动完成）。

（4）外操员和班长从中控室的工具柜中取出空气呼吸器佩戴好，并携带 F 型扳手迅速去事故现场。

（5）班长命令外操员"启动消防炮控制燃料气分液罐的温度"（如班长自己操作可不发此命令）。

（6）班长命令主操"请拨打电话 119，报火警"（如班长自己拨打 119 可不发此命令。电话内容："燃料气分液罐 D103 顶部安全阀出口法兰处泄漏着火，火势无法控制，请派消防车，报警人张三"）。

（7）主操接到班长的命令后，打 119 报火警。

（8）班长命令安全员"请组织人员到 1 号门口引导消防车"。

（9）班长命令主操及外操员"执行紧急停车操作"。

（10）主操接到班长的命令后执行相应操作：

关闭燃料气分液罐压力控制阀 PIC1003；

待燃料气分液罐 D103 的压力低于 0.05MPa 后，依次按紧急停炉按钮 HC1006（关闭 UV1006）、紧急停长明灯按钮 HC1002（关闭 UV1002）；

关闭原料进料流量控制阀 FIC1001。

（11）外操接到班长的命令后执行相应操作：

关闭燃料气进料阀 PV1003 的前阀；
停原料泵 P101A；
停塔釜采出泵 P102A；
打开 VI1F101 用蒸汽吹扫炉膛；
打开蒸汽放空阀 VIFF101；
关闭蒸汽并网阀 VIEF101。

（12）安全员接到班长的命令后，打开消防通道，引导消防车进入事故现场（自动完成）。

（13）主操操作完毕后向班长报告"室内操作完毕"。

（14）外操员操作完毕后向班长报告"现场操作完毕"。

（15）班长接到外操员和主操的汇报后，待火熄灭，经检查无误，向调度汇报"事故处理完毕"。

（16）班长用广播宣布"解除事故应急预案"，车间紧急停车应急预案结束。

任务四　完成分馏塔单元操作

一、工艺内容简介

1. 工作原理

分馏是化工生产中分离互溶液体混合物的典型单元操作，其实质是多级蒸馏。它是通过加热混合物系，利用物系中各组分挥发度不同的特性来实现分离的目的。

一定温度和压力的料液进入分馏塔后，轻组分在精馏段逐渐浓缩，离开塔顶后全部冷凝进入回流罐，然后一部分作为塔顶产品（也叫馏出液），另一部分被送入塔内作为回流液。回流液的作用是补充塔板上的轻组分，使塔板上的液体组成保持稳定，保证分馏操作连续稳定地进行。而重组分在提馏段浓缩后作为塔釜产品（也叫残液）送出装置。

在分馏塔的下段有中压蒸汽为分馏操作提供一定量连续上升的蒸汽气流。

扫一扫看视频

分馏塔介绍

2. 流程说明

从原料油缓冲罐 V201 出来的原料油经过加热炉 F201 加热后进入分馏塔 C202 进行分馏操作。

塔顶蒸气经塔顶水冷器 E228、空冷器 E213 冷凝为液体以后进入回流罐 V202，回流罐 V202 的液体由泵 P208 抽出，一部分作为回流液由控制阀 FIC2056 控制流量送回分馏塔塔顶，另一部分则作为产品，其流量由控制阀 FIC2033 控制。回流罐的液位由控制阀 LIC2016 和 FIC2033 构成的串级控制回路控制。

在分馏塔的中段，轻柴油和重柴油形成循环。轻柴油从塔侧采出，一部分经过换热（E201、E203）之后返回分馏塔，另一部分送入轻柴油汽提塔 C203；汽提塔塔顶气返回分馏塔 16# 塔板，塔底液由 P206 抽出，一部分回流送回汽提塔，另一部分作为轻柴油产品送出装置。重柴油从塔侧采出后和汽提塔底再沸器 E208 换热，一部分返回分馏塔，另一部分作为重柴油产品送出装置。

在分馏塔的下段有中压蒸汽通入，其流量由控制阀 FIC2019 控制。

分馏塔塔釜液体由控制阀 FIC2021 控制流量作为产品送出装置。控制阀 LIC2011 和 FIC2021 构成串级控制回路，调节分馏塔的液位。

3. 工艺卡片

分馏塔单元工艺参数卡片如表 2-14 所示。

表 2-14　分馏塔单元工艺参数卡片

物流	项目及位号	正常指标	单位
原料进装置	温度（TIC2001）	149	℃
加热炉	流量（FIC2014A）	52.51	t/h
加热炉	炉出口温度（TIC2015）	371	℃
加热炉	炉膛负压（PIC2031B）	-0.02	kPa
C202 塔釜出装置	流量（FIC2021）	71.39	t/h
C202 塔釜出装置	温度（TI2022）	333	℃
C202 塔顶出装置	温度（TIC2019）	144	℃
C202 塔顶出装置	压力（PI2007）	0.034	MPa

4. 设备列表

分馏塔单元设备列表如表 2-15 所示。

表 2-15　分馏塔单元设备列表

位号	名称	位号	名称
C202	分馏塔	E213	分馏塔顶空冷器
C203	分馏塔汽提塔	E215	重石产品出装置换热器
E201	进料换热器	E223	重柴油循环空冷器
E202	原料油换热器	E226	轻柴油出装置换热器
E203	轻柴油循环空冷器	E228	分馏塔顶换热器
E207	分馏塔底产品出装置空冷器	F201	加热炉
E208	轻柴油汽提塔底再沸器	P201	原料贮罐底泵
E209	轻柴油出装置空冷器	P203	分馏塔底泵
E211	重柴产品出装置空冷器	P204	重柴油循环泵

续表

位号	名称	位号	名称
P205	轻柴油循环泵	V201	原料油缓冲罐
P206	轻柴油出装置泵	V202	回流罐
P208	分馏塔顶泵		

5. 仪表列表

分馏塔单元 DCS 仪表列表如表 2-16 所示。

表 2-16 分馏塔单元 DCS 仪表列表

点名	单位	正常值	控制范围	描述
AI2002	%	4	2～7	加热炉氧含量
FIC2001	t/h	210		原料贮罐底泵出口流量控制
FIC2014A	t/h	52.51	50.5～54.5	原料油进加热炉一路流量控制
FIC2014B	t/h	52.51	50.5～54.5	原料油进加热炉二路流量控制
FIC2014C	t/h	52.51	50.5～54.5	原料油进加热炉三路流量控制
FIC2014D	t/h	52.51	50.5～54.5	原料油进加热炉四路流量控制
FIC2019	t/h	2.47		中压蒸汽流量控制
FIC2021	t/h	71.39		分馏塔底轻柴油出装置流量控制
FIC2025	t/h	40.65		重柴油循环流量控制
FIC2026	t/h	38.62		重柴产品出装置流量控制
FIC2027	t/h	144.21		轻柴油循环流量控制
FIC2029	t/h	124.52		汽提塔底轻柴油流量控制
FIC2030	t/h	84.51		轻柴油出装置流量控制
FIC2033	t/h	15.06		重石产品出装置流量控制
FIC2047	t/h	2.26		燃料气流量控制
FIC2048	m³/h	40000		空气流量控制
FIC2049	t/h	107.08		分馏塔底轻柴油返回分馏塔流量控制
FIC2056	t/h	95.06		分馏塔顶循环油流量控制
LIC2001	%	50	40～60	原料油缓冲罐液位控制
LIC2011	%	50	40～60	分馏塔液位控制
LIC2013	%	50	40～60	汽提塔液位控制
LIC2015	%	50		回流罐水包液位控制
LIC2016	%	50	40～60	回流罐液位控制
LI2024	%	50		轻柴油集油箱液位
LI2025	%	50		重柴油集油箱液位
PIC2001	MPa	0.35	0.3～0.4	原料油缓冲罐压力控制
PIC2031B	kPa	-0.02	-0.04～0	加热炉负压控制

续表

点名	单位	正常值	控制范围	描述
PIC2023	MPa	0.034	0.03～0.038	回流罐压力控制
PI2007	MPa	0.034		分馏塔顶压力
PI2012	MPa	0.034		分馏塔顶压力
PI2013	MPa	0.040		分馏塔釜压力
PI2014	MPa	0.038		分馏塔中段压力
PDI2013	MPa	0.002		分馏塔中下段压力差
PDI2015	MPa	0.004		分馏塔上中段压力差
TIC2001	℃	149	144～154	原料油进缓冲罐温度控制
TIC2015	℃	371	366～376	加热炉出口温度控制
TIC2019	℃	144	139～149	分馏塔顶温度控制
TIC2031	℃	194		汽提塔再沸器轻柴油温度控制
TI2021	℃	306		重柴油自分馏塔采出温度
TI2022	℃	333	323～343	分馏塔釜温度
TI2030	℃	241		出汽提塔顶气体温度
TI2032	℃	241		出汽提塔底液体温度
TI2035	℃	54		分馏塔塔顶回流罐入口温度
TI2038	℃	100		重柴油返塔温度
TI2051	℃	450		加热炉出口烟气温度

6.现场阀列表

分馏塔单元现场阀列表如表 2-17 所示。

表 2-17　分馏塔单元现场阀列表

现场阀门位号	描述
P201AI	原料贮罐底泵前阀
P201AO	原料贮罐底泵后阀
P203AI	分馏塔底泵前阀
P203AO	分馏塔底泵后阀
P204AI	重柴油循环泵前阀
P204AO	重柴油循环泵后阀
P205AI	轻柴油循环泵前阀
P205AO	轻柴油循环泵后阀
P206AI	轻柴油出装置泵前阀
P206AO	轻柴油出装置泵后阀
P208AI	分馏塔顶泵前阀
P208AO	分馏塔顶泵后阀

续表

现场阀门位号	描述
PCV2036	长明灯进口阀门
SPVC202	分馏塔的安全阀
SPVC202I	分馏塔安全阀的前阀
SPVC202O	分馏塔安全阀的后阀
SPVC202B	分馏塔安全阀的旁路阀
SPVV201	原料油缓冲罐的安全阀
SPVV201I	原料油缓冲罐安全阀的前阀
SPVV201O	原料油缓冲罐安全阀的后阀
SPVV201B	原料油缓冲罐安全阀的旁路阀
SPVV202	回流罐的安全阀
SPVV202I	回流罐的安全阀的前阀
SPVV202O	回流罐安全阀的后阀
SPVV202B	回流罐安全阀的旁路阀
UV2001	加热炉长明灯燃料气的电磁阀
UV2002	加热炉火嘴燃料气的电磁阀
VI1C202	分馏塔底产品出装置阀
VI2C202	分馏塔底不合格产品去罐区阀
VI3C202	分馏塔底产品循环阀
VI4C202	分馏塔至塔底泵的总阀
VI1C203	轻柴油产品出装置阀
VI2C203	轻柴油不合格产品出装置阀
VI1E211	重柴产品出装置阀
VI2E211	重柴不合格产品出装置阀
VI1F201	火嘴的根部阀
VI2F201	长明灯的根部阀
VI1V202	重石产品出装置阀
VI2V202	重石不合格产品出装置阀
VX1E215	冷却水进重石产品出装置换热器入口阀门
VX1E226	冷却水进轻柴油出装置换热器入口阀门
VX1E228	冷却水进分馏塔顶换热器入口阀门
VXV201	原料油缓冲罐的排凝阀
VXC202	分馏塔的排凝阀
VXC203	汽提塔的排凝阀
ZQCS	管线吹扫阀门

7. 分馏塔仿真 PID 图

分馏塔单元仿真 PID 图如图 2-32～图 2-36 所示。

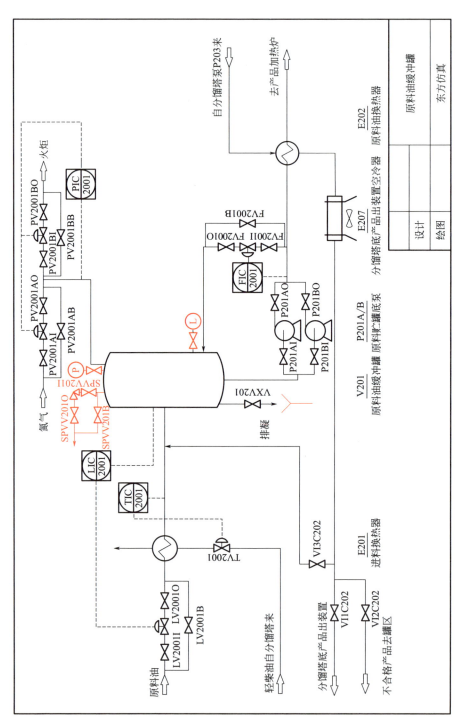

图 2-32 分馏塔单元仿真 PID 图（原料缓冲罐）

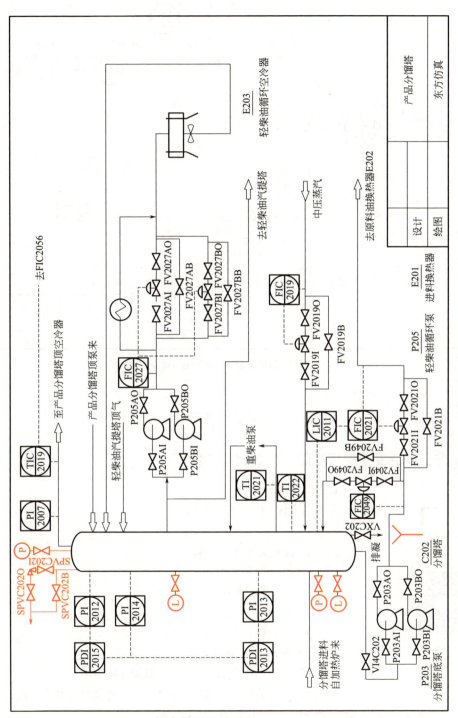

图 2-33 分馏塔单元仿真 PID 图（分馏塔）

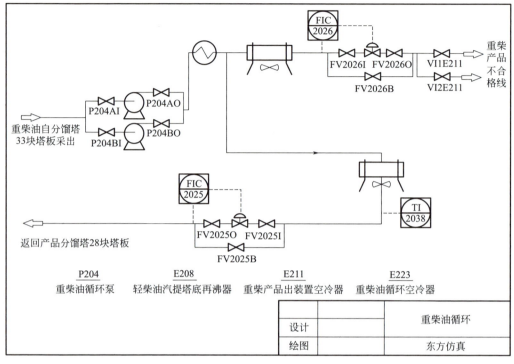

图 2-34 分馏塔单元仿真 PID 图（重柴油循环）

8. 分馏塔 DCS 图

分馏塔单元 DCS 图如图 2-37 ～图 2-42 所示。

二、作业现场安全隐患排除——仿真与实物

分馏塔作业现场安全隐患排除

1. 长时间停电

事故原因：电厂发生事故。

事故现象：

（1）所有机泵停止使用；

（2）所有空冷器停止使用。

处理原则：紧急停车。

具体步骤：

（1）启动加热炉瓦斯紧急停止按钮。

（2）启动加热炉长明灯紧急停止按钮。

（3）手动关闭中压蒸汽流量控制阀 FIC2019。

（4）切手动关闭原料油缓冲罐 V201 进料阀 LIC2001。

（5）原料油缓冲罐压力 PIC2001 控制在 0.35MPa。

模块二 装置单元技能操作

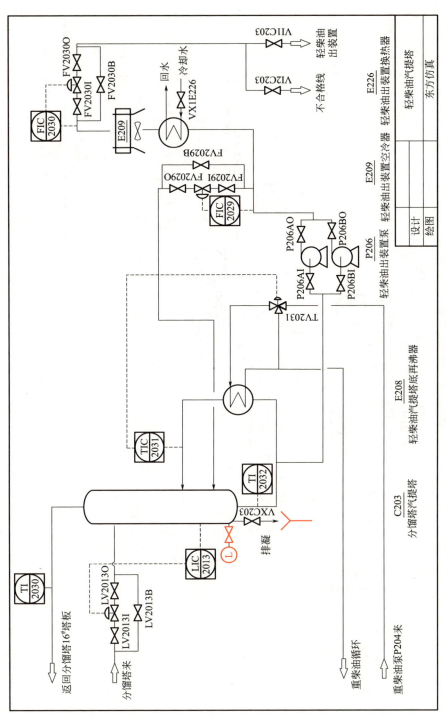

图 2-35 分馏塔单元仿真 PID 图（轻柴油汽提塔）

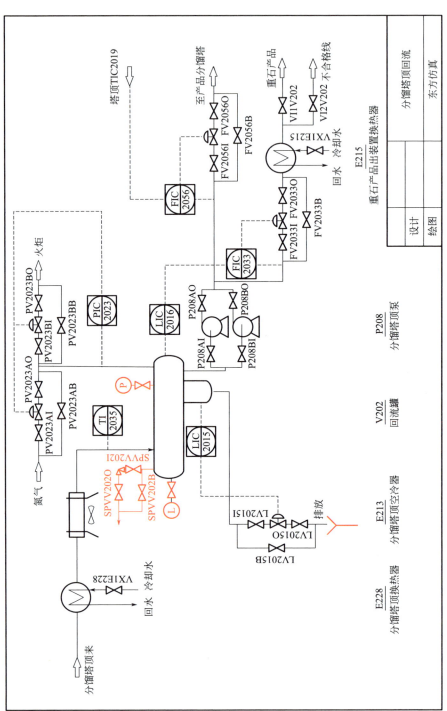

图 2-36 分馏塔单元仿真 PID 图（分馏塔顶回流）

模块二 装置单元技能操作

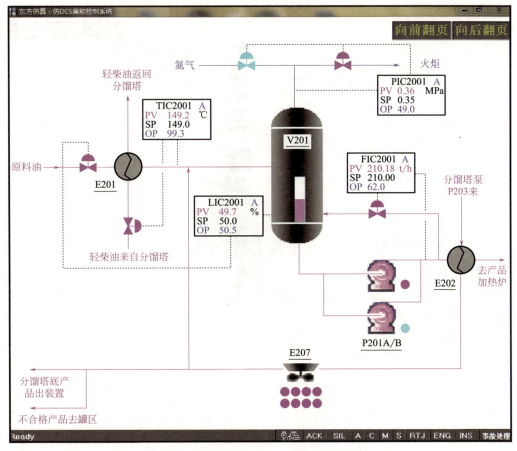

图 2-37　分馏塔单元 DCS 图（原料系统）

（6）回流罐压力 PIC2023 控制在 0.025MPa，进行分馏塔 C202 保压操作。

（7）关闭分馏塔顶泵出口阀 P208AO。

（8）关闭轻柴油出装置泵出口阀 P206AO。

（9）关闭重柴油循环泵出口阀 P204AO。

（10）关闭原料贮罐底泵出口阀 P201AO。

（11）关闭分馏塔底泵出口阀 P203AO。

（12）关闭轻柴油循环泵出口阀 P205AO。

（13）关闭原料油缓冲罐 V201 返回流量控制阀 FIC2001。

（14）关闭分馏塔 C202 塔顶回流控制阀 FIC2056。

（15）关闭回流罐 V202 水包液位控制阀 LIC2015。

（16）关闭轻柴油出装置流量控制阀 FIC2030。

（17）关闭分馏塔汽提塔 C203 液位控制阀 LIC2013。

（18）关闭重柴产品出装置流量控制阀 FIC2026。

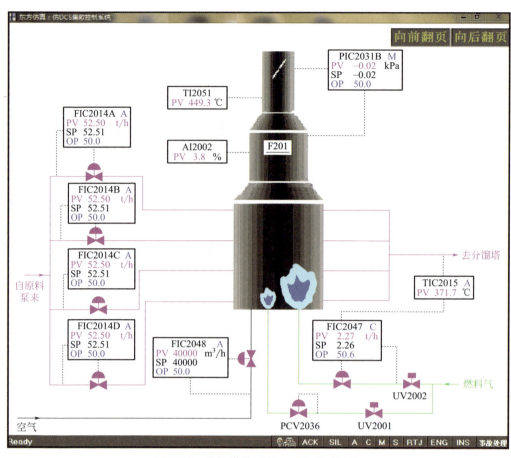

图 2-38 分馏塔单元 DCS 图（加热炉）

2. 原料中断

事故原因：原料油供应中断。

事故现象：原料油进缓冲罐温度升高，缓冲罐液面下降。

处理原则：切断进料，产品停止出装置。

具体步骤：

（1）关闭分馏塔底产品出装置阀 VI1C202。

（2）打开分馏塔底产品循环阀 VI3C202。

（3）关闭原料油进缓冲罐温度控制阀 TIC2001。

（4）切手动关小加热炉一路进料阀门 FIC2014A。

（5）切手动关小加热炉二路进料阀门 FIC2014B。

（6）切手动关小加热炉三路进料阀门 FIC2014C。

（7）切手动关小加热炉四路进料阀门 FIC2014D。

（8）手动关闭中压蒸汽流量控制阀 FIC2019。

模块二　装置单元技能操作

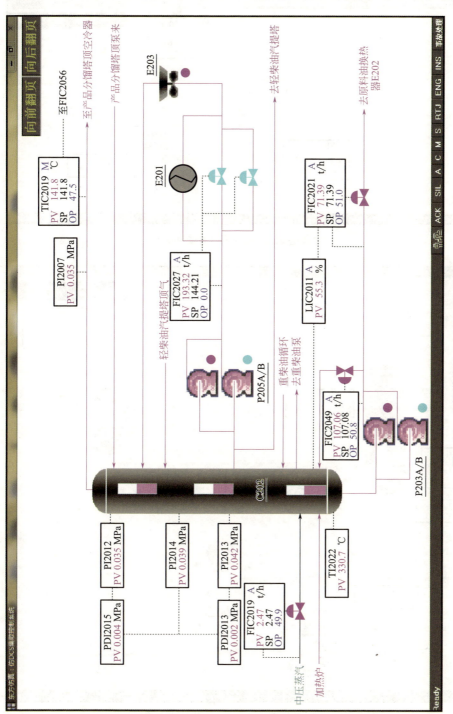

图 2-39　分馏单元 DCS 图（分馏塔）

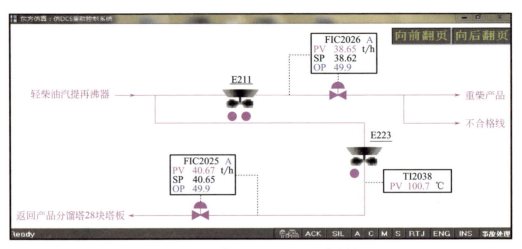

图 2-40 分馏塔单元 DCS 图（重柴油循环）

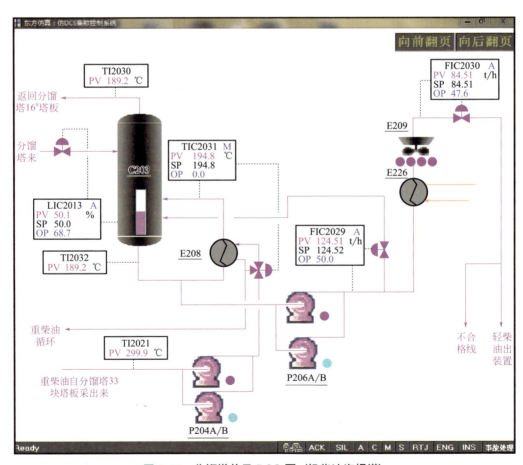

图 2-41 分馏塔单元 DCS 图（轻柴油汽提塔）

模块二　装置单元技能操作

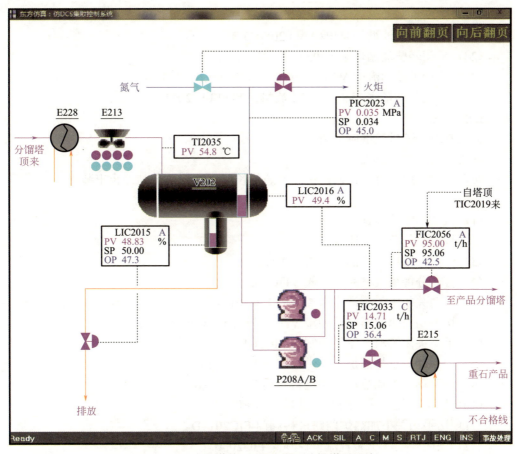

图 2-42　分馏塔单元 DCS 图（分馏塔顶回流）

（9）切手动关闭原料油缓冲罐 V201 进料阀 LIC2001。

（10）关闭轻柴油出装置流量控制阀 FIC2030。

（11）关闭重柴产品出装置流量控制阀 FIC2026。

（12）关闭重石产品出装置流量控制阀 FIC2033。

（13）减小燃料气流量控制阀 FIC2047 的进量，加热炉降温。

（14）关闭汽提塔液位控制阀 LIC2013。

（15）原料油缓冲罐压力 PIC2001 控制在 0.35MPa。

（16）回流罐压力 PIC2023 控制在 0.025MPa，进行分馏塔 C202 保压操作。

（17）关闭分馏塔顶泵出口阀 P208AO。

（18）关闭分馏塔顶泵 P208A。

（19）关闭轻柴油出装置泵出口阀 P206AO。

（20）关闭轻柴油出装置泵 P206A。

（21）关闭重柴油循环泵出口阀 P204AO。

（22）关闭重柴油循环泵 P204A。
（23）关闭轻柴油循环泵出口阀 P205AO。
（24）关闭轻柴油循环泵 P205A。
（25）手动关闭回流罐 V202 水包液位控制阀 LIC2015。
（26）开大分馏塔底产品至 E202 流量控制阀 FIC2021。

3. 燃料气中断

事故原因：燃料气供应中断。

事故现象：炉子熄灭。

处理原则：按紧急停瓦斯按钮、紧急停长明灯按钮，产品停止出装置。

具体步骤：

（1）按手动紧急停瓦斯按钮。
（2）按手动紧急停长明灯按钮。
（3）关闭分馏塔底产品出装置阀 VI1C202。
（4）打开分馏塔底产品循环阀 VI3C202。
（5）手动关闭中压蒸汽流量控制阀 FIC2019。
（6）切手动关闭原料油缓冲罐 V201 进料阀 LIC2001。
（7）手动关闭燃料气流量控制阀 FIC2047。
（8）切手动关小加热炉一路进料阀门 FIC2014A。
（9）切手动关小加热炉二路进料阀门 FIC2014B。
（10）切手动关小加热炉三路进料阀门 FIC2014C。
（11）切手动关小加热炉四路进料阀门 FIC2014D。
（12）关闭轻柴油出装置流量控制阀 FIC2030。
（13）关闭重柴产品出装置流量控制阀 FIC2026。
（14）关闭重石产品出装置流量控制阀 FIC2033。
（15）关闭汽提塔液位控制阀 LIC2013。
（16）关闭原料油进缓冲罐温度控制阀 TIC2001。
（17）原料油缓冲罐压力 PIC2001 控制在 0.35MPa。
（18）回流罐压力 PIC2023 控制在 0.025MPa，进行分馏塔 C202 保压操作。
（19）关闭分馏塔底泵最小流量控制阀。
（20）关闭分馏塔顶泵出口阀 P208AO。
（21）关闭分馏塔顶泵 P208A。
（22）关闭轻柴油出装置泵出口阀 P206AO。
（23）关闭轻柴油出装置泵开关 P206A。
（24）关闭重柴油循环泵出口阀 P204AO。
（25）关闭重柴油循环泵 P204A。
（26）关闭轻柴油循环泵出口阀 P205AO。

(27) 关闭轻柴油循环泵 P205A。

(28) 开大分馏塔底产品至 E202 流量控制阀 FIC2021。

三、作业现场应急处置——仿真

1. 加热炉出口法兰泄漏着火

作业状态：加热炉 F201，分馏塔 C202、C203 处于正常生产状况，各工艺指标操作正常。

各设备参数状态分别为：

扫一扫看视频

分馏塔作业现场应急处置

物流	项目及位号	正常指标	单位
原料进装置	温度（TIC2001）	149	℃
加热炉	流量（FIC2014A）	52.51	t/h
	炉出口温度（TIC2015）	371	℃
	炉膛负压（PIC2031B）	−0.02	kPa
C202 塔釜出装置	流量（FIC2049）	107.08	t/h
	温度（TI2022）	333	℃
C202 塔顶出装置	温度（TIC2019）	144	℃
	压力（PI2007）	0.034	MPa

事故描述：加热炉出口法兰泄漏、着火。

应急处理程序：

注：下列命令和报告除特殊标明外，都是用对讲机来进行传递。

（1）外操员正在巡回检查，走到加热炉 F201 附近看到加热炉出口法兰处泄漏着火，且火势较大。外操员立即向班长汇报"加热炉 F201 出口法兰处泄漏着火"。

（2）班长接到外操员的报警后，立即使用广播启动《加热炉出口法兰泄漏着火应急预案》；然后命令安全员"请组织人员到 1 号门口拉警戒绳"；接着用中控室岗位电话向调度室报告发生泄漏着火（电话号码：12345678；电话内容："加热炉 F201 出口法兰处泄漏着火，已启动应急预案"）。

（3）安全员收到班长的命令后，从中控室的工具柜中取出空气呼吸器佩戴好，携带警戒绳，去 1 号大门口。到达后立即拉警戒绳（自动完成）。

（4）外操员从中控室的物资柜中取出空气呼吸器佩戴好并携带 F 型扳手。

（5）班长向外操员发布"立即去事故现场"的命令。

（6）班长从中控室的物资柜中取出空气呼吸器佩戴好，并携带 F 型扳手迅速去事故现场。

（7）班长命令主操"请拨打电话 119，报火警"（火警内容："分馏塔装置区的加热炉出口法兰处原油泄漏着火，火势较大，无法控制，请派消防车，报警人张三"），并命令安全员"请到 1 号门引导消防车"。

（8）此时消防车到，并到着火点灭火（自动完成）。

（9）班长命令主操及外操员"执行预案中的操作步骤"。

（10）主操接到命令后，启动室内岗位第一轮处理方案：

启动加热炉紧急停止瓦斯按钮；

手动关闭 FIC2047 停止加热炉燃料进料；

TIC2001 切手动并关闭；

手动关闭原料缓冲罐 V201 液位控制阀 LIC2001；

手动关闭 FIC2014A～FIC2014D；

关闭中压蒸汽流量控制阀 FIC2019。

（11）外操员接到命令后，首先进行第一轮处理方案：

关闭长明灯根部阀 VI2F201；

关闭加热炉火嘴根部阀 VI1F201；

关闭原料贮罐底泵后阀 P201AO，停泵 P201A；

关闭 FV2014A～FV2014D 后手阀；

关闭轻柴油出装置阀门 VI1C203，轻柴油出装置改走不合格线阀 VI2C203；

关闭重柴油出装置阀门 VI1E211，重柴油出装置改走不合格线阀 VI2E211；

关闭重石脑油出装置阀门 VI1V202，重石脑油出装置改走不合格线阀 VI2V202。

（12）主操启动室内岗位第二轮处理方案：

打开 FIC2026 将重柴油全量送出；

关闭 FIC2025，打开 FIC2030 将轻柴油全量送出；

打开 FIC2033 将重石脑油全量送出；

关闭分馏塔顶循环流量控制阀 FIC2056；

当回流罐 V202、C203 塔釜和 C202 塔釜没有液位后，通知外操员"停泵 P203A、P204A、P205A、P206A 和 P208A"。

（13）外操员在进行完第一轮处理方案后，进行第二轮处理方案：

根据主操命令，停泵 P203A、P204A、P205A、P206A 和 P208A；

停空冷器 E203、E207、E209、E211、E213 和 E223。

（14）主操向班长报告"室内已按应急预案的处理程序处理完毕"。

（15）外操员在做完上述工作后向班长报告"装置按应急预案处理完毕"。

（16）班长接到外操员和主操汇报后，经检查无误，向调度汇报"装置已按应急预案处理完毕，车间应急预案结束，请派维修工进行检修"。

（17）班长用广播宣布"解除事故应急预案"，车间应急预案结束。

2. 分馏塔底泵出口法兰泄漏着火

作业状态：加热炉 F201，分馏塔 C202、C203 处于正常生产状况，各工艺指标操作正常。

事故描述：P203A 出口法兰泄漏着火。
应急处理程序：
注：下列命令和报告除特殊标明外，都是用对讲机来进行传递。
（1）外操员正在巡回检查，走到塔 C202 附近看到 P203A 出口法兰处泄漏着火。外操员立即向班长汇报"泵 P203A 出口法兰处泄漏着火"。
（2）班长接到外操员的报警后，立即使用广播启动《P203 出口法兰泄漏着火应急预案》；然后命令安全员"请组织人员到门口拉警戒绳"；接着用中控室岗位电话向调度室报告发生泄漏着火（电话号码：12345678；电话内容："泵 P203A 出口法兰泄漏着火，已启动应急预案"）。
（3）安全员收到班长的命令后，从中控室的工具柜中取出空气呼吸器佩戴好，携带警戒绳，去 1 号大门口。到达后立即拉警戒绳（自动完成）。
（4）外操员从中控室的物资柜中取出空气呼吸器佩戴好并携带 F 型扳手。
（5）班长向外操员发布"立即去事故现场"的命令。
（6）班长从中控室的物资柜中取出空气呼吸器佩戴好，并携带 F 型扳手迅速去事故现场。
（7）班长命令主操"请拨打 119，报火警"（火警内容："分馏塔装置区泵 P203A 出口法兰处重柴油泄漏着火，火势较大，无法控制，请派消防车灭火，报警人张三"），并命令安全员"请到 1 号门口引导消防车"。
（8）此时消防车到，并到着火点灭火（自动完成）。
（9）班长命令主操及外操员"执行预案中的操作步骤"。
（10）主操接到命令后，启动室内岗位第一轮处理方案：
启动加热炉紧急停止瓦斯按钮；
关闭中压蒸汽流量控制阀 FIC2019；
关闭原料油进缓冲罐温度控制阀 TIC2001。
（11）外操员接到命令后，首先进行第一轮处理方案：
停泵 P203A，并关闭该泵出口阀 P203AO；
停泵 P201A，并关闭该泵出口阀 P201AO；
关闭分馏塔去 P203A 的总阀 VI4C202。
（12）主操启动室内岗位第二轮处理方案：
关闭分馏塔底泵返回线的流量控制阀 FIC2049；
手动关闭原料油缓冲罐 V201 进料控制阀 LIC2001；
关闭分馏塔底产品至 E202 流量控制阀 FIC2021；
手动关闭分馏塔汽提塔 C203 进料阀 LIC2013；
关闭分馏塔底轻柴油流量控制阀 FIC2030；
通知外操员"停泵 P205A、P204A、P206A 和 P208A"。
（13）外操员在进行完第一轮处理方案后，进行第二轮处理方案：

根据主操命令，停泵 P205A、P204A、P206A 和 P208A。

（14）主操切手动关闭重石产品去 E215 流量控制阀、轻柴油出装置流量控制阀、重柴油出装置流量控制阀。

（15）主操向班长报告"室内已按应急预案的处理程序处理完毕"。

（16）外操员在做完上述工作后向班长报告"装置按应急预案处理完毕"。

（17）班长接到外操员和主操的汇报后，经检查无误，向调度汇报"装置已按应急预案处理完毕，车间应急预案结束，请派维修工进行检修"。

（18）班长用广播宣布"解除应急预案"，车间应急预案结束。

3. 分馏塔顶泵出口法兰泄漏伤人

作业状态：加热炉 F201，分馏塔 C202、C203 处于正常生产状况，各工艺指标操作正常。

事故描述：P208A 出口法兰泄漏，有人受伤倒地。

应急处理程序：

注：下列命令和报告除特殊标明外，都是用对讲机来进行传递。

（1）外操员正在巡回检查，走到塔 C202 附近看到 P208A 出口法兰处泄漏，有人受伤倒地。外操员立即向班长汇报"泵 P208A 出口法兰处泄漏，有人受伤昏倒在地"。

（2）班长接到外操员的报警后，立即使用广播启动《车间泄漏应急预案》；然后命令安全员"请组织人员到门口拉警戒绳"；接着用中控室岗位电话向调度室报告发生泄漏伤人（电话号码：12345678；电话内容："泵 P208A 出口法兰处泄漏，有人受伤昏倒在地，已启动应急预案"）。

（3）外操员返回中控室佩戴空气呼吸器并携带 F 型扳手，迅速去事故现场。

（4）班长命令主操拨打 120。电话内容：分馏塔装置区泵 P208A 出口法兰处重石脑油泄漏，有人中毒昏迷不醒，请派救护车，拨打人张三。

（5）班长从中控室的物资柜中取出空气呼吸器佩戴好，并携带 F 型扳手迅速去事故现场。班长命令安全员到 1 号门引导救护车。

（6）外操员将受伤人员放至安全地方并进行现场急救。

（7）安全员收到班长的命令后，从中控室的工具柜中取出空气呼吸器佩戴好，携带警戒绳，去 1 号大门口。到达后立即拉警戒绳（自动完成）。

（8）班长命令外操员"启动备用泵，停事故泵并将事故泵倒空"，并命令室内主操员"监视装置生产状况"。

（9）外操员启动泵 P208B，打开泵 P208B 出口阀，泵 P208B 运转正常；停泵 P208A，并关闭该泵的进出口阀；打开事故泵 P208A 倒液阀 VX1P208A，倒空后关闭 VX1P208A。

（10）外操员向班长汇报"P208A 已具备检修条件"。

（11）安全员听到班长的命令后，打开消防通道，引导救护车进入事故现场。救护车到现场将受伤人员救走（自动完成）。

（12）主操向班长汇报"装置运转正常"。

（13）班长接到外操员和室内主操员的汇报后，经检查无误，向调度汇报"装置运转正常，泄漏泵切到备用泵运转，事故泵 P208A 已具备检修条件，请派维修人员进行检修消漏"。

（14）班长用广播宣布"解除应急预案"，应急预案结束。

任务五　完成循环氢压缩单元操作

一、工艺内容简介

1. 工作原理

K200 循环氢压缩机是凝汽式汽轮机，其原理就是进入机组的主蒸汽在汽轮机中做完功后进入凝汽器，凝结成水，重新打回锅炉进行循环，排气相对压力和温度比较低。

2. 流程说明

机组油路流程说明：机组润滑油和汽轮机控制油是由主、辅油泵 P213、P214 自油箱 D230 中抽出，经压控阀 PV2135 调节油泵出口的油压后，送至油冷却器 E233A/B 冷却至 40℃，经润滑油过滤器 M230A/B 滤去杂质后分成三路；一路经压控阀 PCV2125 作为润滑油分五路进入压缩机的前后径向轴承、止推轴承，汽轮机的前后径向轴承、止推轴承进行润滑（图 2-43），一路经压控阀 PDCV2226 作为密封油分两路进入压缩机进行密封，一路经压控阀 PCV2128 作为控制油进入汽轮机调速器进行调速。返回油均再次回到油箱 D230。

机组干气密封流程说明：循环氢压缩机每侧干气密封均有三处需要通入密封气，分别是 0.8MPa 氮气作为后置隔离气和级间密封气（二级密封气）、1.0MPa 蒸汽作为一级密封气（主密封气）。

汽轮机汽水流程说明：3.7MPa 主蒸汽经过压缩机透平跳车节流阀（T&T 阀）、调速器进入汽轮机通流部分，蒸汽在通流部分做功后降至排气压力进入表面冷凝器 E204，经冷凝器水泵 P203A/B 抽出后进入抽空器冷凝器 E231，与抽空器换热流出后分为两路，一路经液控阀 LV2426A 返回表面冷凝器 E204，以保证表冷器的最低液位，另一路经液控阀 LV2426B 送至总管。为保持表面冷凝器 E204 中蒸汽凝结时建立的真空和良好的换热效果，由抽空器将漏入 E204 的空气不断抽出。抽空器包括一段抽空器、二段抽空器和开工抽空器。

3. 工艺卡片

循环氢压缩单元工艺参数卡片如表 2-18 所示。

表 2-18　循环氢压缩单元工艺参数卡片

名称	项目	单位	指标
K200 过滤器压差	压力	kPa	≤ 173
K200 润滑油压力	压力	kPa	> 80
K200 轴瓦温度	温度	℃	≤ 138
K200 密封油压差	压力	kPa	≥ 140

4. 设备列表

循环氢压缩单元设备列表如表 2-19 所示。

表 2-19　循环氢压缩单元设备列表

位号	名称	位号	名称
D230	润滑油箱	M231A/B	气体除雾器
D231	废油箱	P203A/B	表面冷凝器水泵
D233	高位油箱	P213	润滑油主油泵
D232A/B	油气分离罐	P214	润滑油辅油泵
E204	表面冷凝器	J230	开工抽空器
E231	抽空器冷凝器	J231A/B	一段抽空器
E232	汽封冷凝器	J232A/B	二段抽空器
E233A/B	润滑油冷却器	J233	汽封抽空器
M230A/B	润滑油过滤器		

5. 仪表列表

循环氢压缩单元 DCS 仪表列表如表 2-20 所示。

表 2-20　循环氢压缩单元 DCS 仪表列表

点名	单位	正常值	描述
TI2410	℃	380.0	汽轮机入口蒸汽温度
TI2417	℃	50.0	汽轮机出口蒸汽温度
TI2501A	℃	60.0	汽轮机副推力轴承温度
TI2501B	℃	45.5	汽轮机副推力轴承温度
TI2501C	℃	46.1	汽轮机主推力轴承温度
TI2501D	℃	53.1	汽轮机主推力轴承温度
TI2502A	℃	77.0	汽轮机非联轴器端径向轴承温度
TI2502B	℃	55.6	汽轮机非联轴器端径向轴承温度
TI2502C	℃	55.1	汽轮机联轴器端径向轴承温度
TI2502D	℃	58.2	汽轮机联轴器端径向轴承温度
TI2503A	℃	87.8	压缩机联轴器端径向轴承温度
TI2503B	℃	71.8	压缩机联轴器端径向轴承温度
TI2503C	℃	66.6	压缩机非联轴器端径向轴承温度
TI2503D	℃	50.0	压缩机非联轴器端径向轴承温度
TI2504A	℃	50.0	压缩机主推力轴承温度
TI2504B	℃	51.2	压缩机主推力轴承温度
TI2504C	℃	53.0	压缩机副推力轴承温度
TI2504D	℃	52.4	压缩机副推力轴承温度
TI2104	℃	55.0	油箱温度

续表

点名	单位	正常值	描述
TI2108	℃	75.0	高位油箱温度
TI2122	℃	40.0	冷却器出口温度
PI2411	MPa	3.7	入口蒸汽压力
PI2414	MPa	1.15	第一级蒸汽压力
PI2416	MPa	−0.085	出口蒸汽压力
PI2112A/B	MPa	1.4	主（辅）油泵出口压力
PI2131	kPa	1.3	油站总管压力
PI2141	MPa	0.77	控制油压力
PI2150	MPa	0.16	润滑油总管压力
PI2451	MPa	0.24	压缩机入口压力
PI2453	MPa	0.58	压缩机出口压力
PDI2123	kPa	32.0	过滤器压差
PDI2228	kPa	300.0	密封油压差
PDI2302	kPa	32.0	缓冲器压差
FI2412	kg/h	7500.0	入口蒸汽流量
ZI2551A	μm	−2.0	汽轮机轴位移
ZI2551B	μm	−15.0	汽轮机轴位移
VXI2552A	μm	10.0	汽轮机非联轴器端径向轴承振动
VYI2552B	μm	6.5	汽轮机非联轴器端径向轴承振动
VXI2552C	μm	10.0	汽轮机联轴器端径向轴承振动
VYI2552D	μm	10.0	汽轮机联轴器端径向轴承振动
VXI2553A	μm	7.0	压缩机联轴器端径向轴承振动
VYI2553B	μm	9.0	压缩机联轴器端径向轴承振动
VXI2553C	μm	13.0	压缩机非联轴器端径向轴承振动
VYI2553D	μm	14.0	压缩机非联轴器端径向轴承振动
ZI2554A	μm	−73.0	压缩机轴位移
ZI2554B	μm	−30.0	压缩机轴位移
LI2102	%	80.0	油箱液位
LI2161	%	100.0	高位油箱液位

6. 现场阀列表

循环氢压缩单元现场阀列表如表 2-21 所示。

表 2-21　循环氢压缩单元现场阀列表

现场阀位号	描述	现场阀位号	描述
PCV2128I	控制阀 PCV2128 前阀	PV2135I	控制阀 PV2135 前阀
PCV2128O	控制阀 PCV2128 后阀	PV2135O	控制阀 PV2135 后阀
PCV2128B	控制阀 PCV2128 旁路阀	PV2135B	控制阀 PV2135 旁路阀
PDCV2226I	控制阀 PDCV2226 前阀	TV2118I	控制阀 TV2118 前阀
PDCV2226O	控制阀 PDCV2226 后阀	TV2118O	控制阀 TV2118 后阀
PDCV2226B	控制阀 PDCV2226 旁路阀	TV2118B	控制阀 TV2118 旁路阀
PCV2125I	控制阀 PCV2125 前阀	PCV4012I	控制阀 PCV4012 前阀
PCV2125O	控制阀 PCV2125 后阀	PDCV2300I	控制阀 PDCV2300 前阀
PCV2125B	控制阀 PCV2125 旁路阀	PDCV2300O	控制阀 PDCV2300 后阀

续表

现场阀位号	描述	现场阀位号	描述
PDCV2300B	控制阀 PDCV2300 旁路阀	VX2N2	N_2 缓冲气第二道阀
PCV2400I	控制阀 PCV2400 前阀	VI1N2	N_2 去 D230、D231 总阀门
PCV2400O	控制阀 PCV2400 后阀	VI3N2	N_2 至机体密封阀
PCV2400B	控制阀 PCV2400 旁路阀	VX3N2	N_2 至机体密封第二道阀
PV2406I	控制阀 PV2406 前阀	VX1H2	氢气总阀
PV2406O	控制阀 PV2406 后阀	VI1D232A	油气分离器 D232A 入口阀
PV2406B	控制阀 PV2406 旁路阀	VI2D232A	油气分离器 D232A 低点阀
LV2426AI	控制阀 LV2426A 前阀	VX2M231A	气体除雾器 M231A 与油分离器 D232A 之间阀门
LV2426AO	控制阀 LV2426A 后阀	VX1HJ	气体除雾器去火炬线阀门
LV2426AB	控制阀 LV2426A 旁路阀	VX1CK	"接压缩机出口" 阀门
LV2426BI	控制阀 LV2426B 前阀	VX1RK	"接压缩机入口" 阀门
LV2426BO	控制阀 LV2426B 后阀	VI1D232B	油气分离器 D232B 入口阀
LV2426BB	控制阀 LV2426B 旁路阀	VI2D232B	油气分离器 D232B 低点阀
VI1D231	N_2 去 D231 手阀	VX2M231B	气体除雾器 M231B 与油分离器 D232B 之间阀门
VX1D230	D230 排凝阀	VI1MFLS	密封蒸汽阀
VI1D230	D230 注油线阀门	VX3E232	透平去 E232 阀门
VX2D230	D230 排凝阀	VX4E232	透平去 E232 阀门
P213I	油泵 P213 前阀	VX1NMF	N_2 透平密封阀
P214I	油泵 P214 前阀	VX1SFG	冷却水去水封罐阀门
VX1P213	P213 后截止阀	VX1DLLS	低压蒸汽去抽空器 J233 阀
VX1P214	P214 后截止阀	VIK200	压缩机入口阀门
VI1E233A	E233A 循环水进口阀	VOK200	压缩机出口阀门
VI1E233B	E233B 循环水进口阀	VI1PN	压缩机排凝阀
VI1E232	E232 循环水进口阀	VX3MS	主蒸汽管线上放空阀
VI1E204	E204 循环水进口阀	VX4MS	主蒸汽管线上放空阀
VI2E233A	E233A 循环水高点排气阀	VX1MS	主蒸汽阀
VIMS	汽轮机主蒸汽截止阀	VX1MB	主蒸汽阀旁路阀
VI2K200	压缩机机体去火炬阀	VI1PSY	冷却水去复水器大气安全阀阀门
VI1NMF	干气密封入口总阀	VX3E204	给复水器充水阀
VI2E233B	E233B 循环水高点排气阀	P203AI	泵 P203A 前阀
VI2E232	E232 循环水高点排气阀	P203AO	泵 P203A 后阀
VX1E233A	E233A 循环水出口阀	P203BI	泵 P203B 前阀
VX1E233B	E233B 循环水出口阀	P203BO	泵 P203B 后阀
VX1E232	E232 循环水出口阀	VIDLLS	E204 抽空器总阀
VX1E204	E204 循环水出口阀	VI2MFLS	汽轮机前轴封蒸汽阀
VIM230B	过滤器 M230B 充油线阀门	VI3MFLS	汽轮机前轴封蒸汽阀
VI1D233	高位油槽油阀	VI3K200	压缩机机体去火炬第二道阀门
VI2N2	N_2 缓冲气边界阀		

7. 循环氢压缩机仿真 PID 图

循环氢压缩单元仿真 PID 图如图 2-43 ~ 图 2-47 所示。

模块二 装置单元技能操作

8. 循环氢压缩机 DCS 图

循环氢压缩单元 DCS 图如图 2-48～图 2-54 所示。

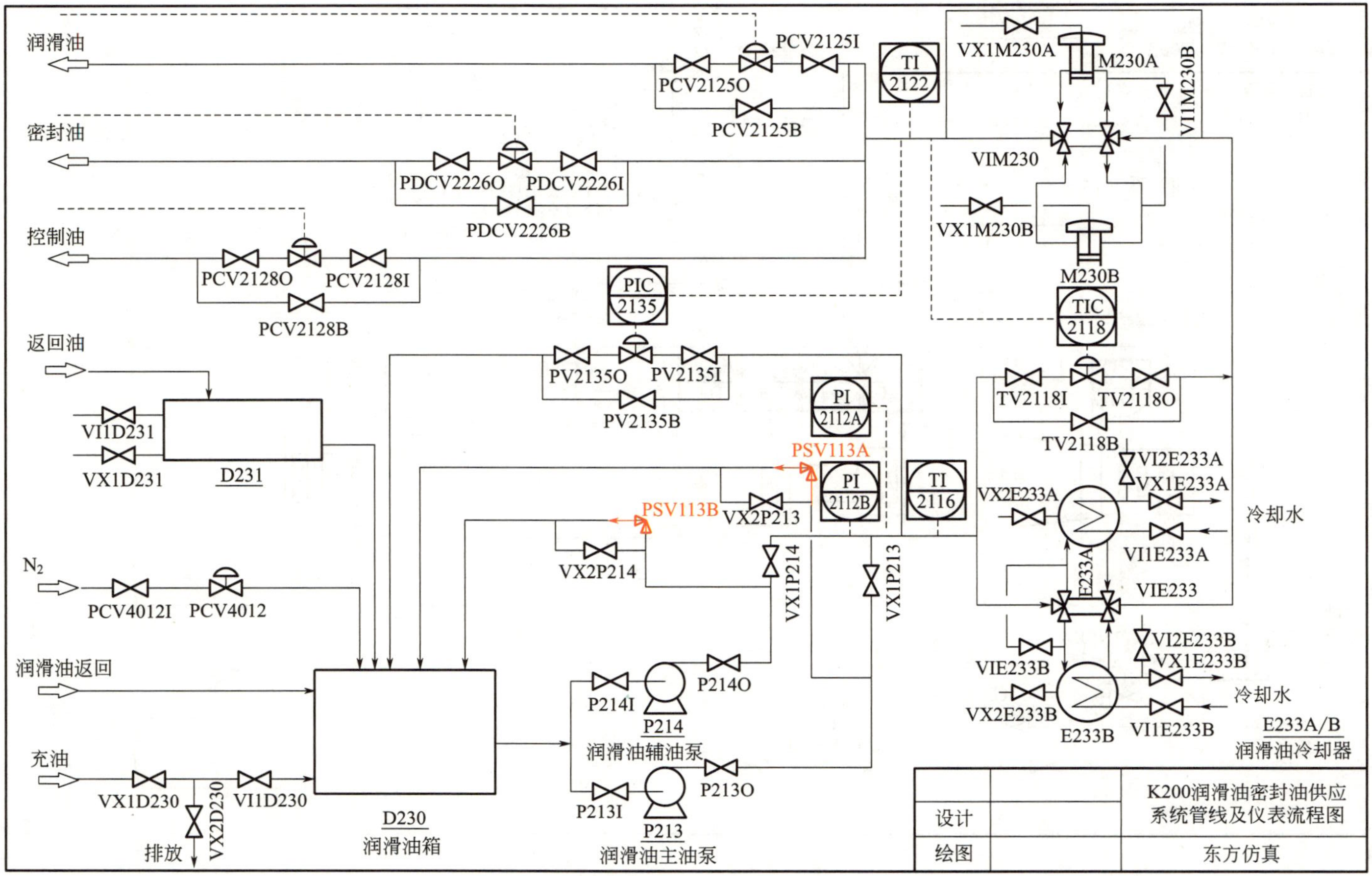

图 2-43 循环氢压缩单元仿真 PID 图（1）

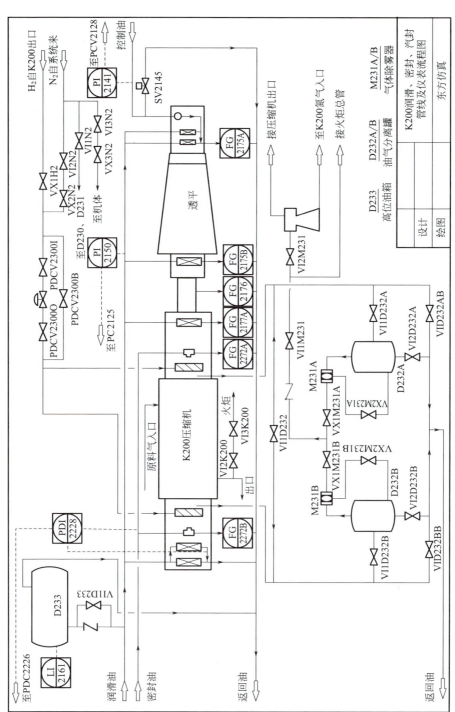

图 2-44 循环氢压缩单元仿真 PID 图 (2)

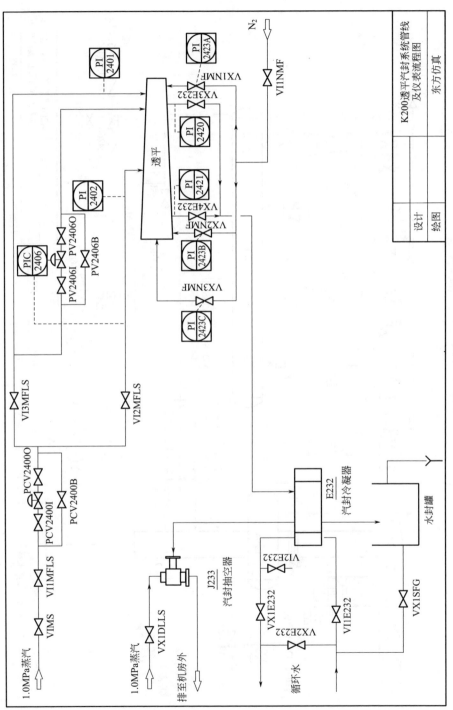

图 2-45 循环氢压缩单元仿真 PID 图 (3)

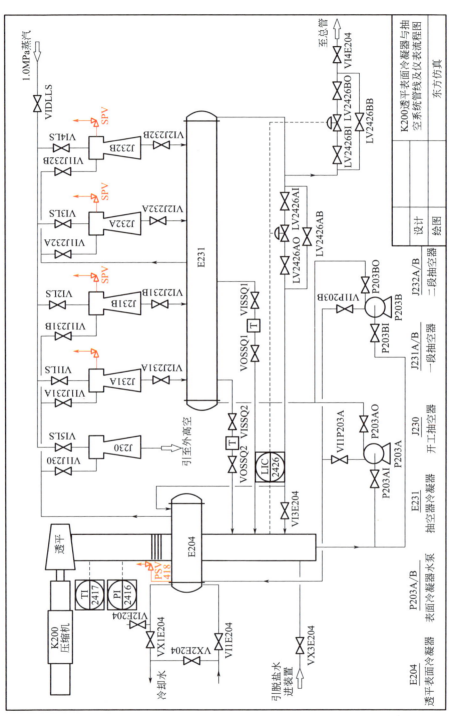

图 2-46 循环氢压缩单元仿真 PID 图 (4)

模块二 装置单元技能操作

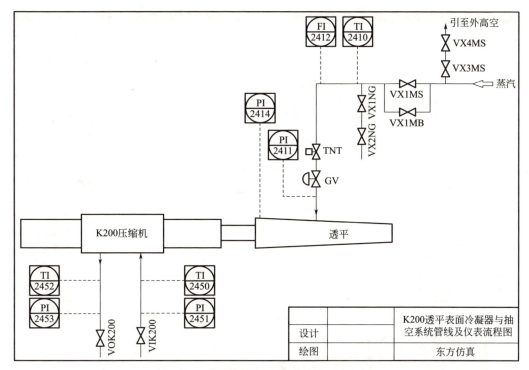

图 2-47 循环氢压缩单元仿真 PID 图（5）

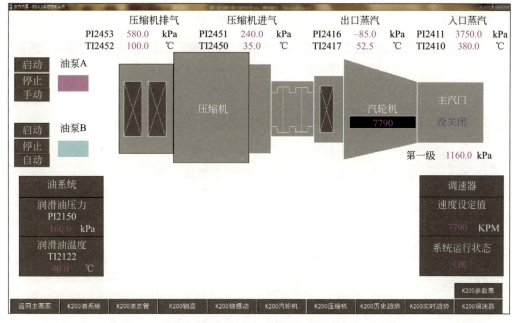

图 2-48 循环氢压缩单元 DCS 图（K200 压缩机主画面）

特种作业（危险化学品）考试装置操作培训教程　加氢工艺

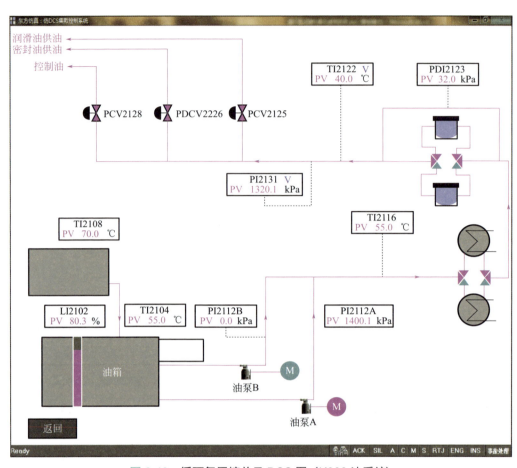

图 2-49　循环氢压缩单元 DCS 图（K200 油系统）

二、作业现场安全隐患排除——仿真与实物

循环氢压缩机作业现场安全隐患排除

1. 过滤器压差高

事故原因：过滤器长时间不更换，造成堵塞。

事故现象：过滤器压差高报警。

处理原则：切换备用过滤器。

具体步骤：

（1）稍开备用过滤器上的排气阀门 VX1M230B。

（2）缓慢打开充油阀 VIM230B，向备用过滤器充油。

（3）排气口出油处试镜显示 FG2230B，润滑油回油至油箱。

（4）关闭排气阀门 VX1M230B。

（5）移动切换阀杆 VIM230。

模块二　装置单元技能操作

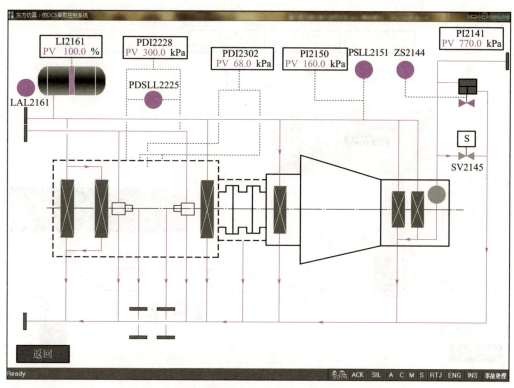

图 2-50　循环氢压缩单元 DCS 图（K200 油管总画面）

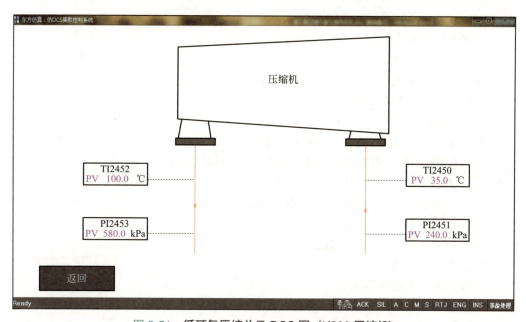

图 2-51　循环氢压缩单元 DCS 图（K200 压缩机）

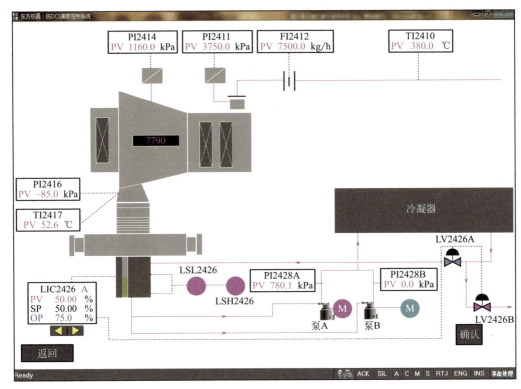

图 2-52　循环氢压缩单元 DCS 图（K200 汽轮机）

（6）切换后关闭充油阀 VIM230B。

2. 润滑油温度高

事故原因：冷却器故障。

事故现象：轴瓦温度升高；回油温度高。

处理原则：切换备用冷却器。

具体步骤：

（1）稍开备用油冷却器上润滑油的排气阀门 VX2E233B。

（2）缓慢打开充油阀 VIE233B，向备用油冷却器充油。

（3）试镜显示 FG2233B，润滑油回油至油箱。

（4）关闭润滑油的排气阀门 VX2E233B。

（5）移动切换阀杆 VIE233。

（6）切换后关闭充油阀 VIE233B。

3. 润滑油压力低

事故原因：主油泵事故。

事故现象：

（1）轴瓦温度升高；

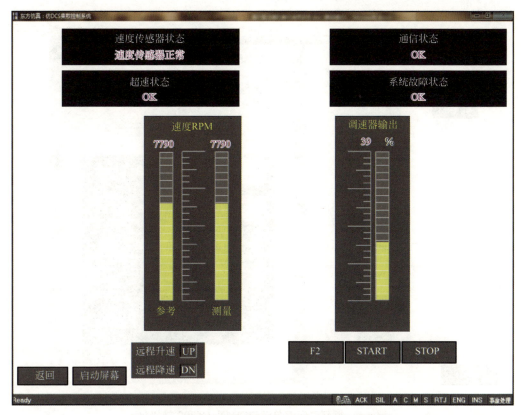

图 2-53　循环氢压缩单元 DCS 图（K200 调速器）

（2）回油温度高；
（3）低到设定值辅助油泵自动启动；
（4）低于联锁值将停机。
处理原则：切换备用泵。
具体步骤：
（1）确认备用泵 P214 自动启动。
（2）打开主油泵后安全阀旁路阀 VX2P213。
（3）停润滑油主油泵 P213。
（4）关闭主油泵后安全阀旁路阀 VX2P213。
（5）关闭主油泵前阀 P213I。
（6）关闭主油泵后截止阀 VX1P213。
4. 复水器液位高
事故原因：主泵故障。
事故现象：液位高报警。
处理原则：切换备用泵。

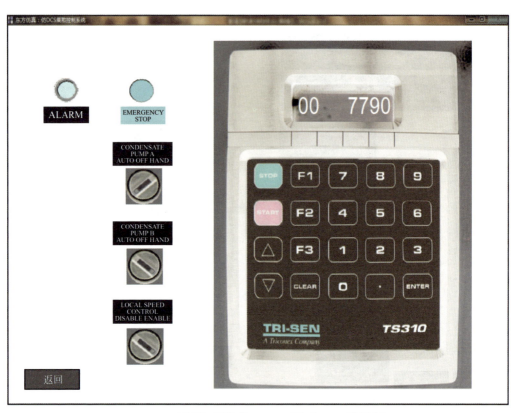

图 2-54　循环氢压缩单元 DCS 图（K200 辅操台）

具体步骤：

（1）泵 P203B 自动启动。

（2）LIC2426 切至手动控制。

（3）调整表面冷凝器 E204 保持液位 LIC2426 在 50%。

（4）在 EDS 画面上，将表面冷凝器水泵 P203B 从自动改为手动。

（5）在 EDS 画面上，将表面冷凝器水泵 P203A 从手动改为停止。

（6）按确认按钮 FW426。

（7）关闭表面冷凝器水泵入口阀 P203AI。

（8）关闭表面冷凝器水泵出口阀 P203AO。

三、作业现场应急处置——仿真

1. 动力蒸汽泄漏伤人

作业状态：压缩机处于正常生产状况，各工艺指标操作正常。

扫一扫看视频

循环氢压缩机作业现场应急处置

各设备的参数状态分别为：

压缩机：

项目	单位	正常值	控制指标（超出括号内范围为 0 分）
吸气量	t/h	7.5	7～8（6.5～8.5）
压缩机入口温度	℃	35	30～40（25～45）
压缩机出口温度	℃	100	95～105（90～110）
压缩机入口压力	MPa	0.24	0.18～0.30
压缩机出口压力	MPa	0.58	0.53～0.63（0.48～0.68）
压缩机中间罐水包液位	%	50	45～55（40～60）

压缩机润滑系统：

项目	单位	正常值	控制指标
PI2150	kPa	160	150～170（140～180）
TI2122	℃	40	35～45（30～50）

事故描述：压缩机动力蒸汽泄漏伤人。

应急处理程序：

注：下列命令和报告除特殊标明外，都是用对讲机来进行传递。

（1）主操正在监视 DCS 操作画面，突然发现压缩机动力蒸汽压力（PI2411）降低。主操立即向班长报告"发现入口蒸汽压力 PI2411 降低到 3MPa 以下，出现压缩机动力蒸汽中断事故"。

（2）外操员正在现场巡检忽然听到蒸汽泄漏的撕裂声，忙跑过去看到压缩机透平入口法兰呲开，大量蒸汽泄漏，并看到有一记录的外操员被烫伤，马上用对讲机汇报"大量蒸汽泄漏，有人被烫伤"。

（3）班长接到主操和外操员的报警后，立即使用广播启动《车间紧急停车应急预案》；接着用中控室岗位电话向调度室报告（电话号码：12345678；电话内容："PI2411 压力降低到 3MPa 以下，压缩机动力蒸汽泄漏伤人，已启动紧急停车应急预案"）。

（4）班长命令安全员"请组织人员到 1 号门口拉警戒绳"。

（5）班长命令外操员"立即去事故现场"。

（6）外操员、班长携带 F 型扳手去事故现场。

（7）班长命令主操及外操员"执行紧急停车操作"，同时命令室内主操打电话叫救护车。

（8）主操接到停车的命令后，打电话 120 叫救护车（电话内容："加氢装置循环氢压缩机动力蒸汽泄漏，有人烫伤，请派救护车来救人，拨打人张三"）。

(9) 主操执行紧急停车应急预案：

按手动紧急停压缩机按钮 HS508。

(10) 外操接到班长的命令后到现场将受伤人员救护到安全的地方，然后执行紧急停车应急预案：

关闭汽轮机主蒸汽截止阀 VIMS；

关闭汽轮机前轴封蒸汽阀 VI2MFLS、VI3MFLS；

关闭轴封抽空器蒸汽阀 VX1DLLS；

打开压缩机机体去火炬阀门 VI2K200；

打开压缩机机体去火炬第二道阀门 VI3K200；

关闭干气密封入口总阀 VI1NMF。

(11) 班长命令安全员"请组织人员到 1 号门口引导救护车"。

(12) 主操向班长报告"压缩机已停，系统正在泄压，压力降到 0.7MPa 以下"。

(13) 外操向班长报告"压缩机已停，机组正在盘车，蒸汽和抽汽已隔断，压缩机润滑油系统运转"。

(14) 班长向调度汇报"压缩机停转，润滑油运转，待温度降下来派维修人员消漏"。

(15) 班长使用广播宣布"紧急停车应急预案结束"。

2. 压缩机入口法兰泄漏有人中毒

作业状态：裂解炉 F101 处于正常生产状况，各工艺指标操作正常。

事故描述：循环氢压缩机入口法兰泄漏，有人中毒。

应急处理程序：

注：下列命令和报告除特殊标明外，都是用对讲机来进行传递。

(1) 主操正在监视 DCS 操作画面，突然泄漏检测报警器响起。主操立即向班长报告"发现现场有可燃气泄漏"。

(2) 外操员正在现场巡检，忽然听到有泄漏的撕裂声，忙跑过去看到压缩机入口法兰呲开，大量循环氢泄漏，并看到有一记录的外操员昏倒在地，马上用对讲机汇报"大量循环氢泄漏，有人昏倒在地"。

(3) 班长接到主操和外操员的报警后，立即使用广播启动《车间紧急停车应急预案》；接着用中控室岗位电话向调度室报告（电话号码：12345678；电话内容："循环氢压缩机入口法兰泄漏伤人，已启动紧急停车应急预案"）。

(4) 班长命令安全员"请组织人员到 1 号门口拉警戒绳"。

(5) 班长命令外操员"立即去事故现场"。

(6) 班长戴好正压式空气呼吸器，迅速去事故现场，同时命令室内主操打电话叫救护车。

(7) 外操员携带 F 型扳手和空气呼吸器去现场，并对受伤人员进行救护。

(8) 班长命令主操打电话叫救护车；班长命令主操及外操员"执行紧急停车

操作"。

(9) 主操接到停车命令后，打 120 叫救护车（电话内容："加氢装置循环氢压缩机入口法兰泄漏，有人中毒昏倒，请派救护车来救人，拨打人张三"）。主操执行紧急停车操作，按手动紧急停压缩机按钮 HS508。

(10) 外操员执行紧急停车操作：

关闭汽轮机蒸汽入口阀 VIMS；

关闭汽轮机前轴封蒸汽阀 VI2MFLS、VI3MFLS；

关闭轴封抽空器蒸汽阀 VX1DLLS；

打开压缩机机体去火炬阀门 VI2K200；

打开压缩机机体去火炬第二道阀门 VI3K200；

关闭干气密封入口总阀 VI1NMF。

(11) 班长命令安全员"请组织人员到 1 号门口引导救护车"。

(12) 主操向班长报告"压缩机已停，系统正在泄压，压力降到 0.7MPa"。

(13) 外操向班长报告"压缩机已停，机组正在盘车，蒸汽和抽汽已隔断，压缩机润滑油系统运转"。

(14) 班长向调度汇报"压缩机停转，润滑油运转，待派维修人员消漏"。

(15) 班长使用广播宣布"紧急停车应急预案结束"。

3. 压缩机出口法兰泄漏着火

作业状态：压缩机处于正常生产状况，各工艺指标操作正常。

事故描述：压缩机出口法兰泄漏着火。

应急处理程序：

注：下列命令和报告除特殊标明外，都是用对讲机来进行传递。

(1) 外操员正在巡检，突然听到爆炸声，走到事故现场附近，看到大火在压缩机出口燃烧。外操员立即向班长报告"压缩机出口燃起大火"。

(2) 班长接到主操的报警后，立即使用广播启动《车间紧急停车应急预案》和《车间泄漏、爆炸、着火应急预案》；然后命令安全员"请组织人员到 1 号门口拉警戒绳"；接着用中控室岗位电话向调度室报告发生泄漏着火（电话号码：12345678；电话内容："压缩机出口燃起大火，已启动应急预案"）。

(3) 班长随即拨打 119 报火警"加氢装置循环氢压缩机出口法兰泄漏，循环氢着火，火势较大，无法控制，请派消防车来灭火，报警人张三"。

(4) 班长命令安全员"请组织人员到 1 号门口引导消防车"。

(5) 班长和外操员从中控室的工具柜中取出正压式空气呼吸器佩戴好，并携带 F 型扳手迅速去事故现场。

(6) 安全员收到班长的命令后，从中控室的物资柜中取出空气呼吸器佩戴好，携带警戒绳，去 1 号大门口。到达后立即拉警戒绳（自动完成）。

(7) 班长命令主操及外操员"执行紧急停车操作"。

（8）主操接到停车命令后，执行紧急停车操作：
按手动紧急停压缩机按钮 HS508。
（9）外操员执行紧急停车操作：
关闭汽轮机主蒸汽截止阀 VIMS；
关闭汽轮机前轴封蒸汽阀 VI2MFLS、VI3MFLS；
关闭轴封抽空器蒸汽阀 VX1DLLS；
打开压缩机机体去火炬阀门 VI2K200；
打开压缩机机体去火炬第二道阀门 VI3K200；
关闭干气密封入口总阀 VI1NMF；
关闭润滑油泵 P213。
（10）主操操作完毕向班长报告"压缩机已停，系统正在泄压，压力降到 0.7MPa 以下"。
（11）外操员操作完毕，火灭掉后，向班长报告"火已熄灭，压缩机已停"。
（12）班长向调度汇报"火已熄灭，压缩机停转"。
（13）班长使用广播宣布"紧急停车应急预案结束"。

任务六　完成加氢反应单元操作

一、工艺内容简介

1. 工作原理

加氢反应是氢与其他物质相互作用的反应过程，通常是在催化剂的存在下进行的。加氢反应属于还原的范畴。

加氢反应过程可分为两大类：（1）氢与一氧化碳或有机化合物直接发生加氢反应；（2）氢与有机化合物反应的同时，伴随着化学键的断裂，这类加氢反应又称氢解反应，包括加氢脱烷基、加氢裂化、加氢脱硫等。

2. 流程说明

自工厂罐区来的减压蜡油在流量、液位串级控制下送入装置，进入原料油缓冲罐（V301）；V301 由燃料气保护，使原料油不接触空气。

自原料油缓冲罐（V301）来的原料油通过加氢进料泵（P301A/B）升压，在流量控制下与混合氢混合后经反应流出物/原料油换热器（E301A/B）、反应进料加热炉（F301）加热至反应温度，进入加氢精制反应器（R301）进行加氢精制反应。精制反应流出物进入加氢裂化反应器（R302）进行加氢裂化反应。加氢精制反应器

(R301）设两个催化剂床层，加氢裂化反应器（R302）设三个催化剂床层，各床层间及反应器之间均设急冷氢注入设施。加氢精制反应器（R301）混合进料的温度通过调节反应进料加热炉（F301）的燃料气量控制。

自加氢裂化反应器（R302）来的反应流出物依次经反应流出物/混合原料油换热器（E301A）、反应流出物/边界物流换热器（E302）、反应流出物/混合原料油换热器（E301B），分别与热混合原料油、冷混合原料油换热，以尽量回收热量。换热后反应流出物的温度降至230℃，进入热高压分离器（V302）进行气液分离。热高分气经热高分气/冷低分油换热器（E303）、热高分气/混合氢换热器（E304）换热后，再经过热高分气空冷器（A301）冷却至50℃进入冷高压分离器（V303）。为了防止热高分气在冷却过程中析出铵盐堵塞管路和设备，需将除氧水注入热高分气/混合氢换热器及热高分气空冷器（A301）上游管线。冷却后的热高分气在冷高压分离器（V303）中进行油、气、水三相分离。顶部出来的循环氢（冷高分气）经循环氢分液罐（V306）分液后，进入循环氢压缩机（C301）升压，然后分成两路：一路作为急冷氢去反应器控制反应器床层温度；另一路与边界来的新氢混合成为混合氢。

冷高分油在液位控制下进入冷低压分离器（V305）。热高分油在液位控制下经加氢进料泵液力透平回收能量后进入热低压分离器（V304）。热低分气经热低分气空冷器（A302）冷却到50℃后与冷高分油混合进入冷低压分离器（V305）。冷低分油与热高分气换热后再与热低分油混合出装置。冷高压分离器、冷低压分离器底部排出的酸性水及分馏部分排出的酸性水合并后送至装置外。冷低分气至装置外脱硫。

3. 工艺卡片

加氢反应单元工艺参数卡片如表 2-22 所示。

表 2-22 加氢反应单元工艺参数卡片

名称	项目	正常指标	单位
精制反应器入口	温度	330～410	℃
进料	氢油比	≥800∶1	
热高、低分操作	温度	≤250	℃
反应器床层最高点	温度	≤440	℃
V303 操作	压力（表压）	≤16.7	MPa
V305 操作	压力（表压）	≤2.0	MPa
高、低分罐	液位	50±10	%
冷高分、冷低分罐	界位	50±10	%
V301	液位	60±10	%
F301 出口	温度	≤410	℃
F301 管壁	温度	≤500	℃
F301 炉膛	温度	≤850	℃

4. 设备列表

加氢反应单元设备列表如表 2-23 所示。

表 2-23 加氢反应单元设备列表

位号	名称	位号	名称
A301	热高分气空冷器	V301	原料油缓冲罐
A302	热低分气空冷器	V302	热高压分离器
C301	循环氢压缩机	V303	冷高压分离器
E301A	反应流出物/混合进料换热器	V304	热低压分离器
E302	反应流出物/边界物流换热器	V305	冷低压分离器
E301B	反应流出物/混合进料换热器	V306	循环氢压缩机入口分液罐
E303	热高分气/冷低分油换热器	V309	燃料气分液罐
E304	热高分气/混合氢换热器	R301	加氢精制反应器
P301A/B	加氢进料泵/液力透平	R302	加氢裂化反应器

5. 仪表列表

加氢反应单元 DCS 仪表列表如表 2-24 所示。

表 2-24 加氢反应单元 DCS 仪表列表

点名	单位	正常值	控制范围	说明
TIC3114A	℃	367	0～600.0	F301 右侧炉膛出口温度
TIC3114C	℃	367	0～600.0	F301 左侧炉膛出口温度
TIC3121B	℃	390	0～600.0	R301 二层上部温度
TIC3125B	℃	395	0～600.0	R302 一层上部温度
TIC3127B	℃	395	0～600.0	R302 二层上部温度
TIC3129B	℃	395	0～600.0	R302 三层上部温度
TIC3137	℃	230	0～600.0	E301B 壳层出口温度指示
TIC3153	℃	50	0～600.0	A301 热高分气出口温度
PIC3103	MPa	0.1	0～0.5	V301 压力指示
PIC3106A	MPa	0.35	0～0.6	F301 左侧主火嘴燃料气压力
PIC3106B	MPa	0.35	0～0.6	F301 右侧主火嘴燃料气压力
PIC3125	MPa	16.08	0～25	V303 压力指示
PIC3126	MPa	17	0～40	V306 压力指示
PIC3127B	MPa	16.08	0～25	V306 出口氢气压力
FIC3101	kg/h	215905	0～250000	自装置外来的减压蜡油流量
FIC3105	kg/h	215905	0～250000	P301A/B 出口流量
FIC3106	kg/h	215905	0～250000	P301A 出口流量
FIC3106B	kg/h	215905	0～250000	P301B 出口流量
FIC3119	kg/h	173414	0～300000	V304 底部出口热低分油流量

续表

点名	单位	正常值	控制范围	说明
FIC3121	kg/h	23000	0～40000	自装置外来的除氧水流量
FIC3126	kg/h	41801	0～70000	V305 出口冷低分油流量
LIC3101	%	50	0～100	V301 液位指示
LIC3106	%	50	0～100	V302 液位指示
LIC3108	%	50	0～100	V304 液位指示
LIC3111	%	50	0～100	V303 液位指示
LIC3114	%	50	0～100	V303 界位指示
LIC3115	%	50	0～100	V305 液位指示
LIC3116	%	50	0～100	V305 界位指示
LIC3119	%	50	0～100	V306 液位指示
TI3101	℃	194	0～600	减压蜡油进口温度指示
TI3108	℃	500	0～600	F301 烟道温度指示
TI3108E	℃	352	0～600	混氢原料温度指示
TI3110A	℃	782	0～1200	F301 辐射顶温度指示
TI3110B	℃	782	0～1200	F301 辐射顶温度指示
TI3111A	℃	782	0～1200	F301 辐射顶温度指示
TI3111B	℃	782	0～1200	F301 辐射顶温度指示
TI3112A	℃	367	0～600	F301 出口分支 1 温度指示
TI3112B	℃	367	0～600	F301 出口分支 2 温度指示
TI3112C	℃	367	0～600	F301 出口分支 3 温度指示
TI3112D	℃	367	0～600	F301 出口分支 4 温度指示
TI3114B	℃	367	0～600	F301 右侧炉膛出口总管温度指示
TI3114D	℃	367	0～600	F301 左侧炉膛出口总管温度指示
TI3114E	℃	367	0～600	R301 入口温度指示
TI3119A	℃	376	0～600	R301 一层上部温度指示
TI3119B	℃	376	0～600	R301 一层上部温度指示
TI3119C	℃	376	0～600	R301 一层上部温度指示
TI3119D	℃	383	0～600	R301 一层中部温度指示
TI3119E	℃	383	0～600	R301 一层中部温度指示
TI3119F	℃	383	0～600	R301 一层中部温度指示
TI3119G	℃	394	0～600	R301 一层下部温度指示
TI3119H	℃	394	0～600	R301 一层下部温度指示
TI3119I	℃	394	0～600	R301 一层下部温度指示
TI3121A	℃	390	0～600	R301 二层上部温度指示
TI3121C	℃	390	0～600	R301 二层上部温度指示
TI3121D	℃	395	0～600	R301 二层中部温度指示

续表

点名	单位	正常值	控制范围	说明
TI3121E	℃	395	0～600	R301 二层中部温度指示
TI3121F	℃	395	0～600	R301 二层中部温度指示
TI3121G	℃	401	0～600	R301 二层下部温度指示
TI3121H	℃		0～600	R301 二层下部温度指示
TI3121I	℃	401	0～600	R301 二层下部温度指示
TI3123	℃	401	0～600	R301 出口温度指示
TI3124B	℃	395	0～600	R302 入口总温度指示
TI3125A	℃	395	0～600	R302 一层上部温度指示
TI3125C	℃	395	0～600	R302 一层上部温度指示
TI3125D	℃	398	0～600	R302 一层中部温度指示
TI3125E	℃	398	0～600	R302 一层中部温度指示
TI3125F	℃	398	0～600	R302 一层中部温度指示
TI3125G	℃	401	0～600	R302 一层下部温度指示
TI3125H	℃	401	0～600	R302 一层下部温度指示
TI3125I	℃	401	0～600	R302 一层下部温度指示
TI3127A	℃	395	0～600	R302 二层上部温度指示
TI3127C	℃	395	0～600	R302 二层上部温度指示
TI3127D	℃	398	0～600	R302 二层中部温度指示
TI3127E	℃	398	0～600	R302 二层中部温度指示
TI3127F	℃	398	0～600	R302 二层中部温度指示
TI3127G	℃	401	0～600	R302 二层下部温度指示
TI3127H	℃	401	0～600	R302 二层下部温度指示
TI3127I	℃	401	0～600	R302 二层下部温度指示
TI3129A	℃	395	0～600	R302 三层上部温度指示
TI3129C	℃	395	0～600	R302 三层上部温度指示
TI3129D	℃	397	0～600	R302 三层中部温度指示
TI3129E	℃	397	0～600	R302 三层中部温度指示
TI3129F	℃	397	0～600	R302 三层中部温度指示
TI3129G	℃	399	0～600	R302 三层下部温度指示
TI3129H	℃	399	0～600	R302 三层下部温度指示
TI3129I	℃	399	0～600	R302 三层下部温度指示
TI3131	℃	401	0～600	R302 底部反应流出物出口温度指示
TI3132	℃	363	0～600	E301A 管程出口温度指示
TI3135	℃	296	0～600	E301A 壳程出口温度指示
TI3136	℃	230	0～600	E301B 壳程出口温度指示

续表

点名	单位	正常值	控制范围	说明
TI3138	℃	169	0～600	E301B 管程入口温度指示
TI3139	℃	278	0～600	E301B 壳程入口温度指示
TI3139E	℃	230	0～600	E301B 管程出口温度指示
TI3141	℃	252	0～600	E302 壳程出口温度指示
TI3142	℃	218	0～600	E302 壳程入口温度指示
TI3143	℃	127	0～600	E304 壳程出口温度指示
TI3143E	℃	71	0～600	E304 壳程入口温度指示
TI3144	℃	181	0～600	E303 管程出口温度指示
TI3145	℃	145	0～600	E304 管程出口温度指示
TI3146	℃	206	0～600	E303 壳程出口温度指示
TI3147	℃	194	0～600	自 P301A/B 来的原料油温度指示
TI3149	℃	230	0～600	V302 出口热高分气温度指示
TI3150A	℃	230	0～600	V304 出口热低分气温度指示
TI3150B	℃	50	0～600	A302 出口热低分气温度指示
TI3150C	℃	50	0～600	A302 出口热低分气温度指示
TI3151	℃	124	0～600	A301 热高分气入口温度指示
TI3152	℃	50	0～600	A301 热高分气出口温度指示
TI3155	℃	50	0～600	V303 顶部循环氢出口温度指示
TI3160	℃	66	0～600	C301 氢气出口温度指示
TI3167	℃	40	0～600	自装置外来的新氢温度指示
PI3105C	MPa	0.35	0～0.6	F301 燃料气入口压力指示
PI3115	MPa	16.08	0～25	R301 反应器入口压力指示
PDI3116	MPa	0.01	0～1	R301 反应器入出口压差指示
PI3117	MPa	16.08	0～25	R301 反应器出口压力指示
PDI3118	MPa	0.01	0～1.4	R302 入出口压差指示
PI3119	MPa	16.08	0～25	R302 出口压力指示
PI3120	MPa	16.28	0～25	V302 顶部出口压力指示
PI3121	MPa	1.8	0～4	V304 顶部出口压力指示
FI3110	kg/h		0～20	R301 上部循环氢吹扫流量指示
FI3111	kg/h		0～20	R301 下部循环氢吹扫流量指示
FI3112	kg/h	3127.5	0～40000	R301 中部注冷氢流量指示
FI3113	kg/h		0～20	R302 上部循环氢吹扫流量指示
FI3114	kg/h		0～20	R302 下部循环氢吹扫流量指示
FI3115	kg/h	3127.5	0～25000	R302 顶部注冷氢流量指示
FI3116	kg/h	3127.5	0～25000	R302 二段上部注冷氢流量指示
FI3117	kg/h	3127.5	0～53000	R302 三段上部注冷氢流量指示

续表

点名	单位	正常值	控制范围	说明
FI3127	kg/h	452	0～15000	V305 出口冷低分气流量指示
FI3131	kg/h		0～230000	循环氢低流量旁路流量指示
FI3133	kg/h	3698	0～350000	至 E304 混合氢流量指示
FI3134E	kg/h		0～30000	V306 入口分液罐废氢出口流量指示

6. 现场阀列表

加氢反应单元现场阀列表如表 2-25 所示。

表 2-25　加氢反应单元现场阀列表

阀门位号	描述	阀门位号	描述
VI1V301	减压蜡油入口阀门	PV3106AI	控制阀 PV3106A 的前阀
VI2V301	减压蜡油入口阀门	PV3106AO	控制阀 PV3106A 的后阀
VI3V301	开工油入口阀	PV3106AB	控制阀 PV3106A 的旁路阀
VX1V301	原料油罐污油现场阀	PV3106BI	控制阀 PV3106B 的前阀
VI8V301	P301 前阻垢剂现场阀	PV3106BO	控制阀 PV3106B 的后阀
VI9V301	P301 前硫化剂现场阀	PV3106BB	控制阀 PV3106B 的旁路阀
VI3E304	混氢出 E304 出口阀	SPV304I	V104 罐顶安全阀前阀
VI2E304	混氢出 E304 旁路阀	SPV304O	V104 罐顶安全阀后阀
VI1F301	燃料气进 F301 总入口阀	SPV304B	V104 罐顶安全阀旁路阀
VI2F301	F301 左侧燃料气现场阀	LV3106AI	控制阀 LV3106A 的前阀
VI3F301	F301 左侧长明灯燃料气现场阀	LV3106AO	控制阀 LV3106A 的后阀
VI4F301	F301 右侧长明灯燃料气现场阀	LV3106B1I	控制阀 LV3106B1 的前阀
VI5F301	F301 右侧燃料气现场阀	LV3106B1O	控制阀 LV3106B1 的后阀
VI1F301P	F301 左侧燃料气放空阀	LV3106B2I	控制阀 LV3106B2 的前阀
VI2F301P	F301 右侧燃料气放空阀	LV3106B2O	控制阀 LV3106B2 的后阀
VI3F301P	F301 左侧长明灯燃料气放空阀	FV3121I	控制阀 FV3121 的前阀
VI4F301P	F301 右侧长明灯燃料气放空阀	FV3121O	控制阀 FV3121 的后阀
VI1E303	E303 入口注除氧水现场阀	FV3121B	控制阀 FV3121 的旁路阀
VI1E304	E304 入口注除氧水现场阀	FV3119I	控制阀 FV3119 的前阀
VI1A302	A302 入口注除氧水现场阀	FV3119O	控制阀 FV3119 的后阀
VI4V111	除氧水进装置阀	FV3119B	控制阀 FV3119 的旁路阀
VX1E302	E302 进水阀	LV3111AI	控制阀 LV3111A 的前阀
VI2V305	凝液自 V307 至 V305 现场阀	LV3111AO	控制阀 LV3111A 的后阀
VI6V306	凝液自 V306 至 V305 现场阀	LV3111BI	控制阀 LV3111B 的前阀
VI5V306	废氢线现场阀	LV3111BO	控制阀 LV3111B 的后阀
VI1V305	冷低分气出装置现场阀	LV3114I	控制阀 LV3114 的前阀

续表

阀门位号	描述	阀门位号	描述
VI1V303	0.7MPa/2.1MPa 泄压阀现场前阀	LV3114O	控制阀 LV3114 的后阀
VI2V303	0.7MPa/2.1MPa 泄压阀现场后阀	LV3114B	控制阀 LV3114 的旁路阀
VI1V306	V306 污油线现场阀	LV3116I	控制阀 LV3116 的前阀
VI4V306	V306 出口火炬现场阀	LV3116O	控制阀 LV3116 的后阀
VI3C301	冷氢去 R302 现场阀	LV3116B	控制阀 LV3116 的旁路阀
VI4C301	C301 氮气入口现场阀	FV3126I	控制阀 FV3126 的前阀
VI5C301	C301 出口火炬现场阀	FV3126O	控制阀 FV3126 的后阀
VI6C301	吹扫用循环氢现场阀	FV3126B	控制阀 FV3126 的旁路阀
VX1C301	新氢进装置现场阀	PV3126I	控制阀 PV3126 的前阀
VI9C301	氮气进装置现场阀	PV3126O	控制阀 PV3126 的后阀
VI1V309	燃料气进装置现场阀	PV3126B	控制阀 PV3126 的旁路阀
VI3V309	V309 排凝阀	SPV303I	V103 罐顶安全阀前阀
FV3101I	控制阀 FV3101 的前阀	SPV303O	V103 罐顶安全阀后阀
FV3101O	控制阀 FV3101 的后阀	SPV303B	V103 罐顶安全阀旁路阀
FV3101B	控制阀 FV3101 的旁路阀	SPV305I	V105 罐顶安全阀前阀
FV3105I	控制阀 FV3105 的前阀	SPV305O	V105 罐顶安全阀后阀
FV3105O	控制阀 FV3105 的后阀	SPV305B	V105 罐顶安全阀旁路阀
FV3105B	控制阀 FV3105 的旁路阀	PV3127BI	控制阀 PV3127B 的前阀
PV3103AI	控制阀 PV3103A 的前阀	PV3127BO	控制阀 PV3127B 的后阀
PV3103AO	控制阀 PV3103A 的后阀	PV3127BB	控制阀 PV3127B 的旁路阀
PV3103AB	控制阀 PV3103A 的旁路阀	LV3119I	控制阀 LV3119 的前阀
PV3103BI	控制阀 PV3103B 的前阀	LV3119O	控制阀 LV3119 的后阀
PV3103BO	控制阀 PV3103B 的后阀	LV3119B	控制阀 LV3119 的旁路阀
PV3103BB	控制阀 PV3103B 的旁路阀	FV3132I	控制阀 FV3132 的前阀
SPV301I	V101 罐顶安全阀前阀	FV3132O	控制阀 FV3132 的后阀
SPV301O	V101 罐顶安全阀后阀	FV3132B	控制阀 FV3132 的旁路阀
SPV301B	V101 罐顶安全阀旁路阀		
TV3137I	控制阀 TV3137 的前阀		
TV3137O	控制阀 TV3137 的后阀		
TV3137B	控制阀 TV3137 的旁路阀		

7. 加氢反应仿真 PID 图

加氢反应单元仿真 PID 图如图 2-55 ～图 2-62 所示。

8. 加氢反应 DCS 图

加氢反应单元 DCS 图如图 2-63 ～图 2-69 所示。

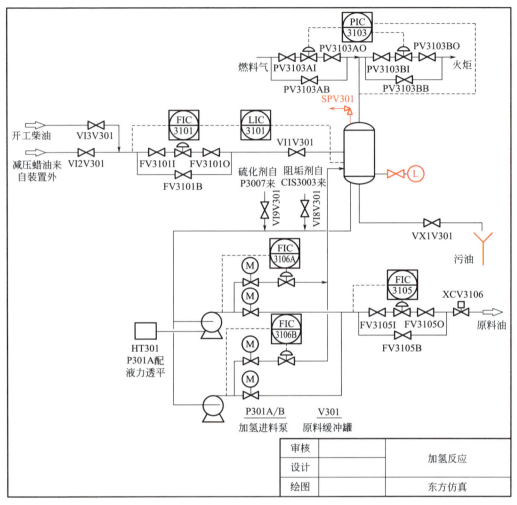

图 2-55 加氢反应单元仿真 PID 图（缓冲罐）

二、作业现场安全隐患排除——仿真与实物

扫一扫看视频

加氢反应作业现场安全隐患排除

1. 长时间停电

事故原因：供电中断。

事故现象：所有用电设备停运。

处理原则：紧急停车。

具体步骤：

（1）0.7MPa/min 泄压系统未能自启，立即手动启动。

（2）关闭反应燃烧炉 F301 全部主火嘴控制阀 PIC3106A、PIC3106B。

模块二 装置单元技能操作

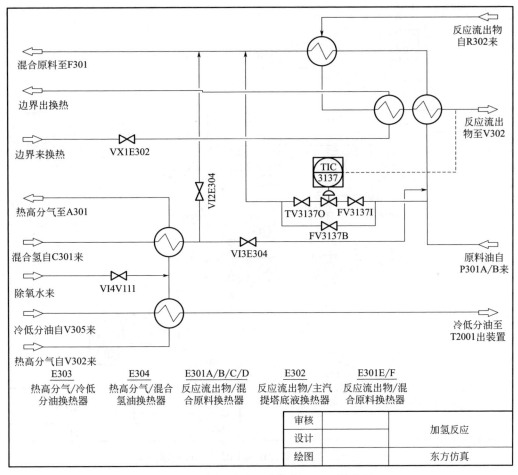

图 2-56 加氢反应单元仿真 PID 图（换热器）

(3) 关闭反应燃烧炉 F301 全部燃料气现场阀 VI2F301、VI5F301。

(4) 关闭反应燃烧炉 F301 全部长明灯燃料气现场阀 VI3F301、VI4F301。

(5) 关闭除氧水注水控制阀 FV3121。

(6) 关闭减压蜡油界区阀 VI2V301。

(7) 关闭加氢进料泵 P301A 电动阀 MV3101A。

(8) 关闭循环氢压缩机 C301 出口电动阀 MV3162。

(9) 关闭循环氢压缩机 C301 入口电动阀 MV3161。

(10) 停循环氢压缩机 TC1001。

(11) 关闭减压蜡油原料进料流量控制阀 FIC3101。

(12) 关闭除氧水控制阀前手阀 FV3121I。

(13) 关闭新氢进料流量控制阀 FIC3141 停止供氢。

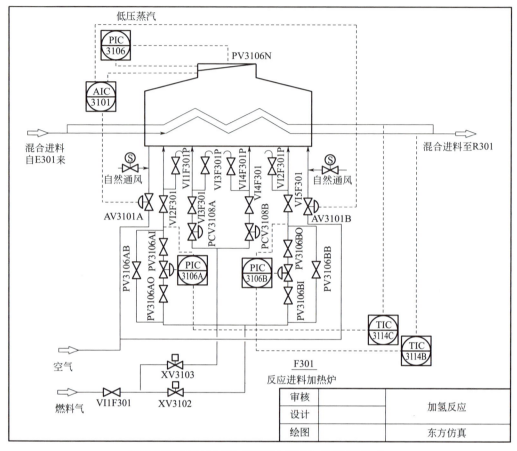

图 2-57　加氢反应单元仿真 PID 图（反应部分 1）

（14）关闭注水阀 VX1E304。

（15）关闭冷低分油出装置阀 FV3126。

2. 新氢供应中断

事故原因：新氢进料中断。

事故现象：

（1）新氢进装置流量表 FI3141 指示大幅下降；

（2）系统压力大幅下降。

处理原则：加氢反应器降温，减压蜡油原料量缓慢减小直至停止进料。

具体步骤：

（1）加氢裂化反应器 R302 出口温度 TI3131 降低 15℃，降至 385℃。

（2）降低减压蜡油原料量 FIC3101 为 185t/h。

（3）加氢裂化反应器 R302 出口温度 TI3131 再降低 15℃，降到 360℃以下。

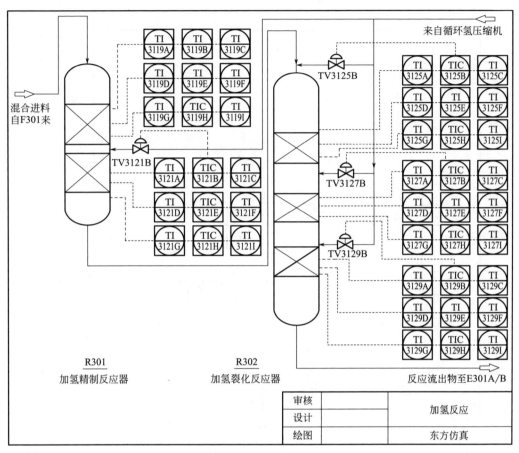

图 2-58　加氢反应单元仿真 PID 图（反应部分 2）

（4）降低减压蜡油原料量 FIC3101 为 150t/h。
（5）关闭原料泵的出口阀 P301AO，切断进料，原料泵停止转动。
（6）关闭减压蜡油进装置控制阀 FIC3101。
（7）将控制阀 TIC3114C 投为自动，使加氢裂化反应器 R302 出口温度 TIC3114C 降至 330℃。

3. 循环氢压缩机停机

事故原因：3.5MPa 动力蒸汽中断。

事故现象：

（1）循环氢压缩机入口流量 FIC3132 指示为 0；
（2）循环氢压缩机转速指示为 0；
（3）混合氢流量 FI3133 指示大幅下降；
（4）反应器床层各路冷氢流量大幅下降；

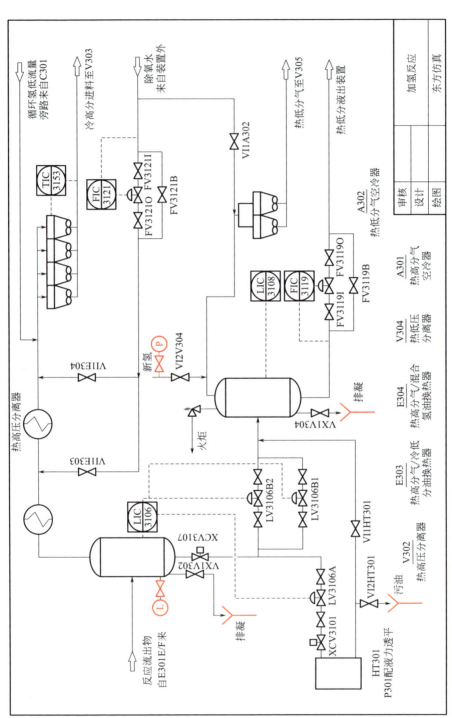

图 2-59 加氢反应单元仿真 PID 图（热高压分离器）

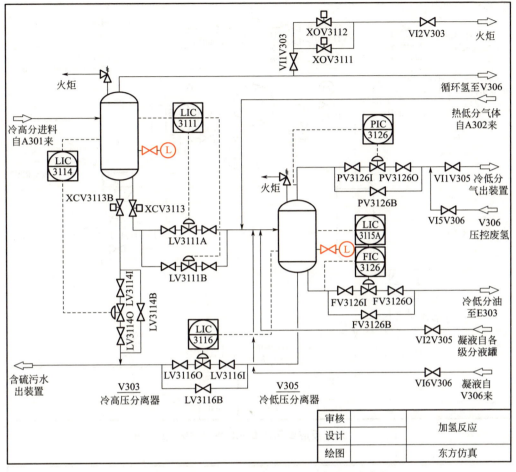

图 2-60　加氢反应单元仿真 PID 图（冷高压分离器）

（5）反应器床层温度开始上升；

（6）热高分液位波动；

（7）0.7MPa 低速紧急泄压阀联锁打开，并报警。

处理原则：联锁确认，反应处理。

具体步骤：

联锁确认：

（1）确认循环氢压缩机自身联锁状态：确认循环氢压缩机 C301 入口电动阀 MV3161 关闭；确认循环氢压缩机 C301 出口电动阀 MV3162 关闭；确认循环氢压缩机 C301 防喘振阀 FIC3132 打开。

（2）确认 0.7MPa 低速紧急泄压阀联锁 XOV3112 打开。

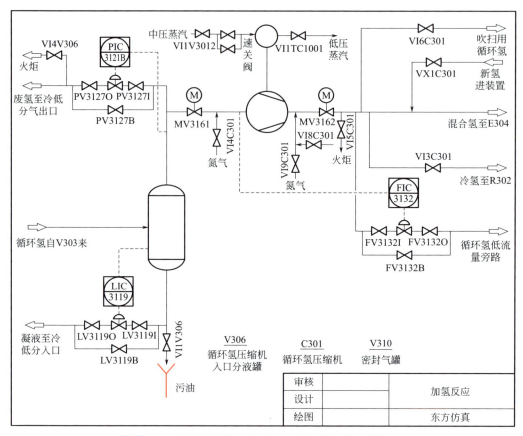

图 2-61 加氢反应单元仿真 PID 图（循环氢压缩机）

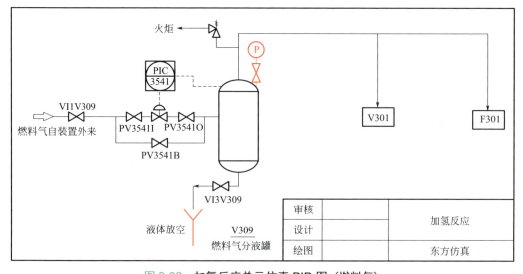

图 2-62 加氢反应单元仿真 PID 图（燃料气）

模块二 装置单元技能操作

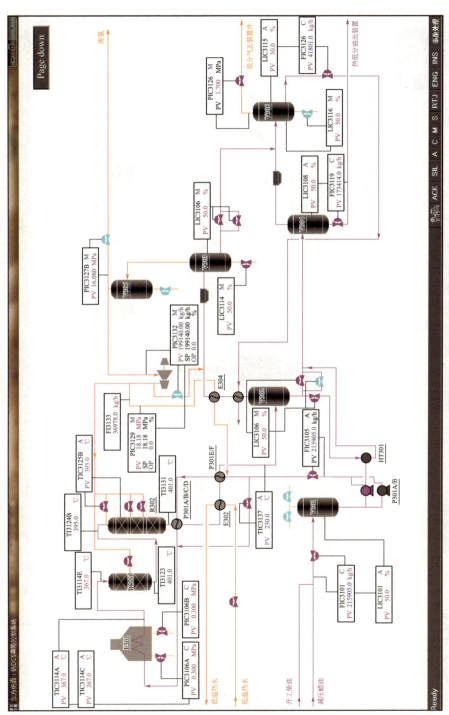

图2-63 加氢反应单元DCS图（总图）

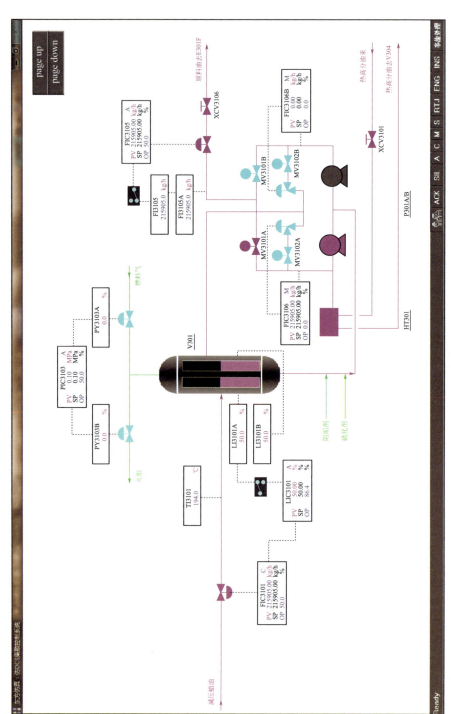

图 2-64 加氢反应单元 DCS 图（原料油部分）

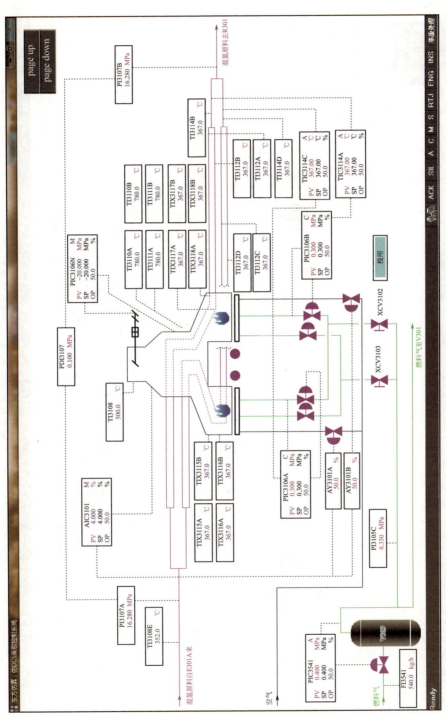

图 2-65 加氢反应单元 DCS 图（进料加热炉）

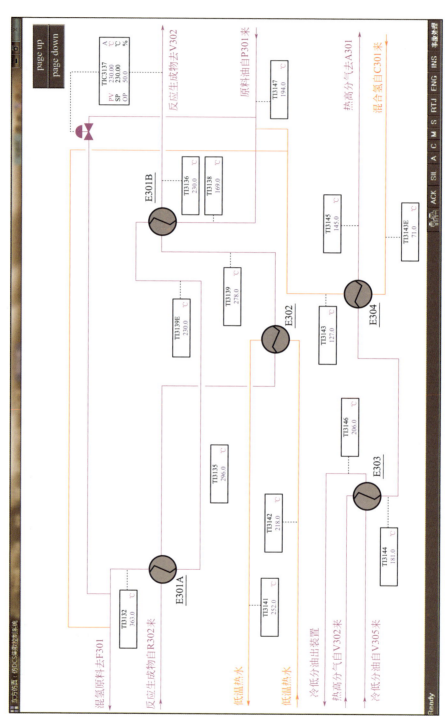

图 2-66 加氢反应单元 DCS 图（高压换热部分）

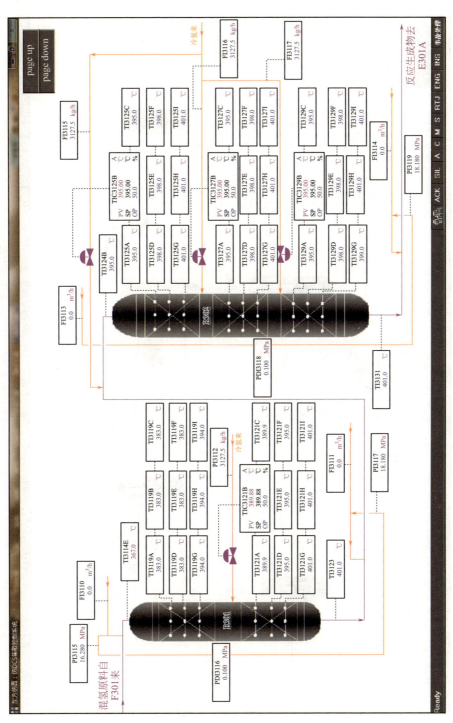

图 2-67 加氢反应单元 DCS 图（反应器）

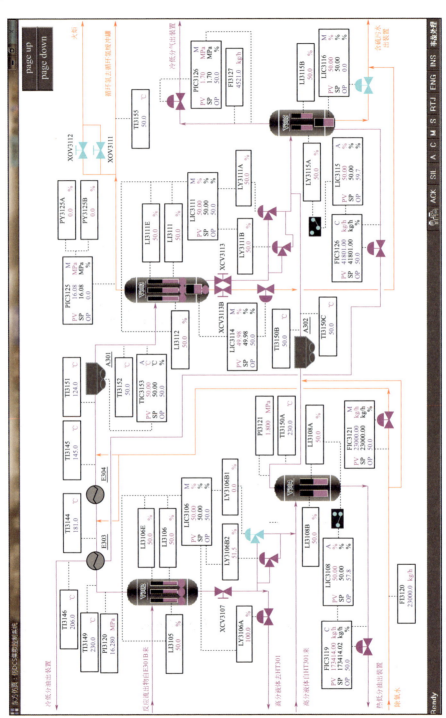

图 2-68 加氢反应单元 DCS 图（高低压分离器）

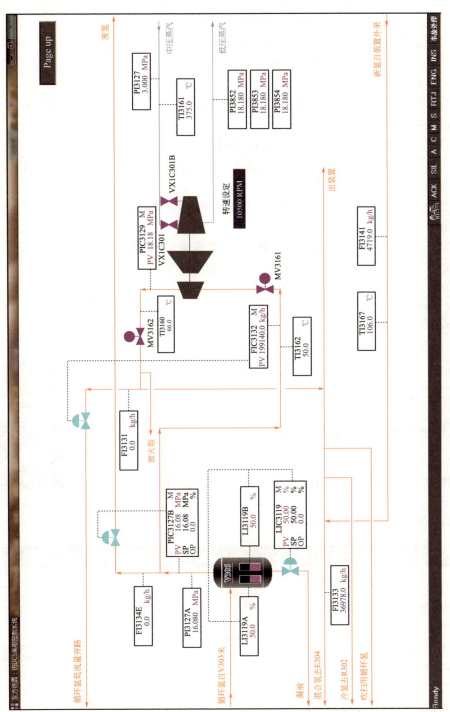

图 2-69 加氢反应单元 DCS 图（循环氢压缩机 C301）

（3）确认反应燃烧炉 F301 燃料气火嘴自保阀 XCV3102 关闭。

（4）确认反应燃烧炉 F301 联锁停炉 F1001A1。

（5）确认反应燃烧炉 F301 联锁停炉 F1001B1。

（6）确认反应进料泵 P301A/B 联锁停泵 P1001A。

（7）确认反应进料切断阀 XCV3106 关闭。

（8）确认联锁关闭液力透平入口切断阀 XCV3101，停液力透平 HT301。

反应处理：

（1）关闭新氢进料流量控制阀 FIC3141。

（2）将反应燃烧炉 F301 燃料气压力控制阀 PIC3106A 由自动切换至手动，并使输出为 0。

（3）将反应燃烧炉 F301 燃料气压力控制阀 PIC3106B 由自动切换至手动，并使输出为 0。

（4）关闭反应燃烧炉 F301 左侧燃料气现场阀 VI2F301。

（5）关闭反应燃烧炉 F301 右侧燃料气现场阀 VI5F301。

（6）全开烟道挡板 PIC3106N。

（7）将原料进料流量控制阀 FIC3101 切至手动并关闭。

（8）关闭加氢进料泵 P301A 出口阀 P301AO。

（9）关闭注水阀 VX1E304。

（10）确认低速紧急泄压阀 XOV3112 关闭。

三、作业现场应急处置——仿真

1. 反应器出口法兰泄漏着火

作业状态：F301、R301、R302 处于正常生产状况，各工艺指标操作正常。

加氢反应作业现场应急处置

各设备参数状态分别为：

名称	项目	单位	指标
精制反应器入口	温度	℃	330～410
进料	氢油比		≥800∶1
热高、低分操作	温度	℃	≤250
反应器床层最高点	温度	℃	≤440
V303 操作	压力（表压）	MPa	≤16.7
V305 操作	压力（表压）	MPa	≤2.0
高、低分罐	液位	%	50±10
冷高分、冷低分罐	液位	%	50±10

事故描述：R302 出口法兰泄漏着火。
应急处理程序：
注：下列命令和报告除特殊标明外，都是用对讲机来进行传递。
反应器出口法兰泄漏（共 10 步）：
（1）外操员向班长报告"裂化反应器 R302 出口法兰泄漏着火"。
（2）班长命令主操启动 2.1MPa/min 紧急泄压系统。
（3）主操启动 2.1MPa/min 泄压系统，开启阀 XOV3111。
（4）班长使用广播启动《加氢车间危险化学品泄漏着火应急预案》。
（5）班长命令安全员"请组织人员到 1 号门口拉警戒绳"。
（6）班长向调度室报告"R302 法兰处泄漏着火，已启动应急预案"。
（7）外操员返回中控室取出空气呼吸器佩戴好。
（8）外操员从中控室的工具柜中取出 F 型扳手，迅速去事故现场。
（9）班长从中控室的工具柜中取出正压式空气呼吸器佩戴好。
（10）班长从中控室的工具柜中取出 F 型扳手，迅速去事故现场。
灭火（共 26 步）：
（1）班长命令外操员"启动消防炮灭火"。
（2）外操员到现场后，启动消防炮对着火设备进行降温操作。
（3）班长通知主操"请拨打 119 报火警"。
（4）班长命令安全员"请组织人员到 1 号门口引导消防车"。
（5）主操打 119 报火警"加氢反应车间裂化反应器出口法兰处减压蜡油裂化反应后流出物泄漏着火，火势较大，无法控制，请派消防车来灭火，报警人张三"。
（6）班长命令室内主操和外操员"装置按紧急停车处理"。
（7）班长通知主操"请监视 DCS 数据"。
（8）主操关闭进料流量控制阀 FIC3101。
（9）主操确保关闭液力透平入口切断阀 XCV3101，停液力透平 HT301。
（10）主操操作完毕后，向班长汇报"室内操作完毕"。
（11）外操员关闭原料进料泵 P301A 的出口阀 P301AO，原料泵停止转动。
（12）外操员关闭反应燃烧炉 F301 左侧燃料气现场阀 VI2F301。
（13）外操员关闭反应燃烧炉 F301 右侧燃料气现场阀 VI5F301。
（14）外操员关闭反应燃烧炉 F301 左侧长明灯燃料气现场阀 VI3F301。
（15）外操员关闭反应燃烧炉 F301 右侧长明灯燃料气现场阀 VI4F301。
（16）外操员关闭原料进料缓冲罐 V301 阀 VI1V301。
（17）外操员关闭新氢进装置现场阀 FV3141I。
（18）外操员关闭燃料气进装置现场阀 VI1V309。
（19）外操员打开热高压分离器排凝阀 VX1V302，倒空热高压分离器。
（20）外操员打开冷高压分离器排凝阀 VX1V303，倒空冷高压分离器。

（21）外操员打开热低压分离器排凝阀 VX1V304，倒空热低压分离器。
（22）外操员打开冷低压分离器排凝阀 VX1V305，倒空冷低压分离器。
（23）外操员打开循环氢压缩机入口分液罐排污阀 VX1V306，排空分离器。
（24）外操员操作完毕后向班长汇报"现场操作完毕"。
（25）待所有操作完毕后，班长向调度汇报"事故处理完毕"。
（26）班长用广播宣布"解除事故应急预案"。

2. 循环氢压缩机出口法兰泄漏着火

作业状态：F301、R301、R302 处于正常生产状况，各工艺指标操作正常。

事故描述：C301 出口法兰泄漏着火。

应急处理程序：

注：下列命令和报告除特殊标明外，都是用对讲机来进行传递。

C301 出口法兰泄漏着火（共 10 步）：

（1）外操员向班长报告"循环氢压缩机 C301 出口法兰泄漏着火，有人中毒"。
（2）班长命令主操启动 2.1MPa/min 紧急泄压系统。
（3）主操启动 2.1MPa/min 泄压系统，开启阀 XOV3111。
（4）班长使用广播启动《加氢车间危险化学品泄漏着火应急预案》。
（5）班长命令安全员"请组织人员到 1 号门口拉警戒绳"。
（6）班长向调度室报告"循环氢压缩机 C301 出口法兰泄漏着火，有人中毒，已启动应急预案"。
（7）外操员返回中控室取出空气呼吸器佩戴好。
（8）外操员从中控室的工具柜中取出 F 型扳手，迅速去事故现场。
（9）班长从中控室的工具柜中取出正压式空气呼吸器佩戴好。
（10）班长从中控室的工具柜中取出 F 型扳手，迅速去事故现场。

灭火（共 36 步）：

（1）外操员到现场后，对受伤人员进行救护。
（2）班长命令外操员"启动消防炮灭火"。
（3）外操员启动消防炮对着火压缩机进行降温处理。
（4）班长通知主操"请拨打 119 报火警"。
（5）主操打 119"加氢反应车间循环氢压缩机出口法兰处氢气泄漏着火，火势较大，无法控制，请派消防车来灭火，报警人张三"。
（6）班长命令安全员"请组织人员到 1 号门口引导消防车"。
（7）班长通知主操"请打电话 120 叫救护车"。
（8）主操拨打 120"加氢反应车间循环氢压缩机氢气泄漏着火，有人中毒昏倒，请派救护车来救人，拨打人张三"。
（9）班长命令安全员"请组织人员到 1 号门口引导救护车"。
（10）班长命令室内主操和外操员"装置按紧急停车处理"。

(11) 班长通知主操"请监视 DCS 数据"。
(12) 主操对联锁状态进行确认：确认循环氢压缩机 C301 入口电动阀 MV3161 关闭。
(13) 主操对联锁状态进行确认：确认循环氢压缩机 C301 出口电动阀 MV3162 关闭。
(14) 若低速泄压阀 XOV3112 未打开，启动 2.1MPa/min 泄压阀 XOV3111。
(15) 将急冷氢温度控制阀 TIC3121B 切为手动并关闭。
(16) 将急冷氢温度控制阀 TIC3125B 切为手动并关闭。
(17) 将急冷氢温度控制阀 TIC3127B 切为手动并关闭。
(18) 将急冷氢温度控制阀 TIC3129B 切为手动并关闭。
(19) 主操确保关闭液力透平入口切断阀 XCV3101，停液力透平 HT301。
(20) 主操操作完毕后，向班长汇报"室内操作完毕"。
(21) 外操员关闭原料进料泵 P301A 的出口阀 P301AO，原料泵停止转动。
(22) 外操员关闭反应燃烧炉 F301 左侧燃料气现场阀 VI2F301。
(23) 外操员关闭反应燃烧炉 F301 右侧燃料气现场阀 VI5F301。
(24) 外操员关闭反应燃烧炉 F301 左侧长明灯燃料气现场阀 VI3F301。
(25) 外操员关闭加热炉 F301 右侧长明灯燃料气现场阀 VI4F301。
(26) 外操员关闭原料进原料缓冲罐 V301 阀 VI1V301。
(27) 外操员关闭新氢进装置现场阀 FV3141I。
(28) 外操员关闭燃料气进装置现场阀 VI1V309。
(29) 外操员打开热高压分离器排凝阀 VX1V302，倒空热高压分离器。
(30) 外操员打开冷高压分离器排凝阀 VX1V303，倒空冷高压分离器。
(31) 外操员打开热低压分离器排凝阀 VX1V304，倒空热低压分离器。
(32) 外操员打开冷低压分离器排凝阀 VX1V305，倒空冷低压分离器。
(33) 外操员打开循环氢压缩机入口分液罐排污阀 VX1V306，排空分离器。
(34) 外操员操作完毕后向班长汇报"现场操作完毕"。
(35) 待所有操作完毕后，班长向调度汇报"事故处理完毕"。
(36) 班长用广播宣布"解除事故应急预案"。

参考文献

[1] 全国安全生产教育培训教材编审委员会.加氢工艺作业[M].徐州：中国矿业大学出版社，2013.

[2] 赵刚.化工仿真实训指导[M].3版.北京：化学工业出版社，2019.

[3] 国家安全生产监督管理总局人事司（宣教办），国家安全生产监督管理总局培训中心.特种作业安全技术实际操作考试标准（试行）汇编[M].徐州：中国矿业大学出版社，2015.

[4] 张荣，张晓东.危险化学品安全技术[M].北京：化学工业出版社，2009.